TURING

即学即用的
新手设计系统课

优设
Illustrator
图形创作
实训教程

刘吉成 周燕华 王海振 著

Ai

U0279914

人民邮电出版社
北京

图书在版编目（ＣＩＰ）数据

优设Illustrator图形创作实训教程 ／ 刘吉成，周燕华，王海振著. -- 北京 ： 人民邮电出版社，2023.12
ISBN 978-7-115-63016-2

Ⅰ. ①优… Ⅱ. ①刘… ②周… ③王… Ⅲ. ①图形软件—教材 Ⅳ. ①TP391.412

中国国家版本馆CIP数据核字(2023)第202421号

◆ 著　　　刘吉成　周燕华　王海振
　　责任编辑　赵　轩
　　责任印制　胡　南
◆ 人民邮电出版社出版发行　　北京市丰台区成寿寺路 11 号
　　邮编 100164　　电子邮件　315@ptpress.com.cn
　　网址　https://www.ptpress.com.cn
　　北京盛通印刷股份有限公司印刷
◆ 开本：720×960　1/16
　　印张：10.5　　　　　　　　2023 年 12 月第 1 版
　　字数：230 千字　　　　　　2023 年 12 月北京第 1 次印刷

定价：69.80 元

读者服务热线：(010)84084456-6009　印装质量热线：(010)81055316
反盗版热线：(010)81055315
广告经营许可证：京东市监广登字 20170147 号

相比于 2012 年"优设"平台上线之时，设计工具、技巧与应用在这十余年中日新月异，广大设计师对"优秀设计""优秀教程"的追求从未停歇。本质上，掌握前沿设计手法，娴熟运用恰当的设计工具，设计师就可以站在流量的舞台上体现自身的价值，得到积极的回报。

"设计除了是一份工作，它还具备一种魔力，当你第一次用'设计'解决某个难题，实现某种效果，抑或是上下挪动为那一像素纠结时，你会情不自禁地被它迷住。"我的这个观点得到了许多"不疯魔不成活"设计师的认同。在"优设"，我每天都会看到不少用户将"成为一个专业设计师"作为自己的目标，梦想着自己今后也能做出既美观漂亮又精妙实用的作品。

当然，理想归理想，现实往往有着各种各样的规范与约束。投身设计行业的年轻人，往往会在开始阶段就直面各种束缚，经历各种坎坷。从 2K、4K 的大屏幕到智能手机屏幕，设计师需要在有限的空间中呈现恰到好处的视觉信息，这些都无不挑战着设计师的技术与想象力。激烈的市场竞争更是不断将设计师的工作量推向极限，特别是 AI 工具的集中涌现，使得设计师们要掌握的工具更多了。不同年龄和不同地域的设计师们，正在积极地学习和探索。

我们创立"优设"的初衷，就是陪伴设计师度过最艰难的起步阶段，直至进阶成长为中流砥柱式的专业人才。十多年来，我们分享免费素材，设计事半功倍的工作流，创作大家喜闻乐见的免费可商用字体，输出独具特色的设计方法论，搭建备受好评的优优教程网。面向行业的设计新人和爱好者们，我们携手"优设"的名师授业解惑，桃李满天下，而后我们更积极参与产学融合，提升学生实践能力，以"优设"独有的方式为行业贡献力量。我们通过"开放！分享！成长！"的理念来解开设计师身上的束缚，与其并肩走过职场内外的坎坷。

"优设"分享过数不清的高质量设计教程，一直受到年轻一代设计师的广泛好评。令人惊喜的是，越来越多的高校也成为"优设"的坚实伙伴，一起为艺术院校的学子和老师提供最前沿的设计知识和实战教案。本系列教程的出版，也是"优设"对用户期盼的具体回应。在与用户互动的过程中，我们听到了来自用人企业、院校教师、设计新手的种种呼声，他们希望"优设"能够将前沿的设计思想与贴近现实的设计项目结合，创作一份能让新手设计师"看得懂、学得会、用得上"的设计教程。为此，我们心怀敬畏，从多个层面和角度深挖学习需求，精心拟定学习方案，打磨设计项目案例，并邀请拥有多年商业经验与教学经验的设计师共同参与创作，希望它能成为一双翅膀，助力新手设计师飞翔，拥抱变幻莫测的未来。

优设创始人　张鹏

课程名称	优设 Illustrator 图形创作实训教程			
教学目标	了解 Illustrator 在设计行业中的典型应用，通过项目实操，学会使用 Illustrator 的核心功能，掌握图形创作的关键技能，最终能够使用 Illustrator 完成高质量的设计项目			
总课时	32	总周数		8
课时安排				
周次	建议课时	教学内容	单课总课时	作业数量
1	4	立体图标设计（本书项目 1）	4	1
2	4	Logo 设计（本书项目 2）	4	1
3	4	Banner 设计（本书项目 3）	4	1
4	4	App 引导页设计（本书项目 4）	4	1
5	8	海报设计（本书项目 5）	8	1
6				
7	8	网页设计（本书项目 6）	8	1
8				

本书采用项目式结构，按照学习目标、学习场景描述、任务书、任务拆解、工作准备、工作实施和交付、拓展知识、作业、作业评价对每个项目的内容进行划分。

学习目标：通过对相应项目的学习，读者可以掌握什么技能，可以达到什么水平。

学习场景描述：相应项目在实际工作中的需求场景。描述读者在做相应项目时的岗位角色、客户是谁、客户会提出什么样的需求，将读者带入需求场景。

任务书：客户提出需求的书面信息，包括项目名称、项目资料、项目要求等。

任务拆解：在实施相应项目时的关键环节。

工作准备：在具体制作相应项目前，读者应该具备的知识，如果已经掌握可以跳过。

工作实施和交付：按照任务拆解的关键环节实施操作，完成项目任务，达到项目文件制作要求。

拓展知识：针对相应类型的项目，读者还应掌握哪些知识或技能。

作业：相应项目讲解完成后，针对讲解项目类型会发布一个同类型的项目需求，用以检测读者是否掌握了制作相应类型项目的技能，能否举一反三。

作业评价：根据作业的需求，从需求方的角度设计评价维度，通过评价维度，读者可自行检测所完成的项目是否达到了交付要求。

工作实施与交付

拓展知识

作业

作业评价

目录

项目 3 Banner 设计

项目 4 App 引导页设计

目录

项目 5 海报设计

项目 6 网页设计

项 目 ①

立体图标设计

图标设计是指通过各种视觉元素，如形状、颜色、线条等，将一种概念或功能简要而又准确地表达出来的过程，是视觉传达设计的一种形式，旨在为用户提供直观易懂的界面元素，方便用户使用更加便捷和愉悦。图标设计广泛应用于各种数字产品中，如操作系统、移动应用、网站等，成为了现代数字生活中不可或缺的设计元素之一。立体图标作为主流设计趋势之一，可以增强视觉维度和立体空间感，相比平面图标更能表达设计氛围，能够展现更多可能性。

本项目将带领读者，从设计师的角度完成一套立体图标的设计，并学习从获得需求、分析需求、构思设计方案到在Illustrator中进行立体图标设计的方法，做出高质量的立体图标。

【学习目标】

通过学习 Illustrator 的新建和保存文档、打开和查看文档等基础操作，以及对图形工具组、填色和描边、效果等功能使用方法的掌握，能够独立设计并绘制不同风格的立体图标。

【学习场景描述】

现如今用户对于手机界面的需求不仅是功能实用，更要符合大众审美，所以出现了越来越多的个性化主题供手机用户选择使用。年轻用户对于手机个性化主题的要求是色彩丰富、图标要有设计感，同时也要实用，便于理解。**视觉系**是一个知名的手机主题设计工作室，该工作室推出的手机主题因兼顾实用和视觉效果，而广受年轻大众喜爱。该工作室负责人联系你，提出设计需求，需要你为该工作室设计一组立体图标按钮，配合他们新推出的现代化风格主题，吸引新用户使用。在设计完成后，你将向客户发送最终设计方案供其进行确认，以确保符合其期望和要求。在各方确认无误后，该系列图标将融入个性化手机主题并投入使用。

【任务书】

项目名称：手机主题图标设计。

项目资料：共需 9 个图标，包括计算器、记事本、游戏商城、喜爱的游戏、收藏夹、电池设置、聊天软件、休闲软件、待办项。

项目要求

（1）图标要简洁概括，有艺术性，让人容易记住。

（2）图标构思要巧妙、新颖独特，达到形式优美的视觉效果。

（3）图标所代表的含义要清晰、明了。

（4）图标的色彩要简洁、强烈且醒目。

（5）要考虑图标的可实施性，如放大或缩小图标的效果，能适用于不同机型。

项目文件制作要求

（1）文件夹命名为"YYY_立体图标设计_日期（YYY代表你的姓名，日期要包含年月日）"。

（2）此文件夹包括以下文件：最终效果的JPG格式文件和AI格式工程文件。

（3）尺寸为800px×600px，颜色模式为RGB。

完成时间： 1.5小时

【任务拆解】

1. 分析客户需求，并制定设计方案。

（1）分析客户需求，将抽象要求转换为视觉语言，确定图标内容。

（2）参考同类图标，绘制图标草图。

（3）根据需求确定图标效果和颜色。

（4）结合实际情况，确定设计方案。

2. 用【矩形工具】和【椭圆工具】绘制图标线稿。

3. 为扁平图标填充颜色。

4. 添加3D效果并进行渲染。

【工作准备】

在进行本项目前，需要巩固以下知识点。

1. 新建和保存文档。

2. 打开和查看文档。

3. 对象的基础操作。

4. 图形工具组。

5. 填色和描边。

6. 效果。

如果已经掌握相关知识可跳过这部分，开始工作实施。

知识点 1 新建和保存文档

下载并安装好 Illustrator 后，可以通过新建、保存、导出来了解完成一项设计任务需要掌握的基本内容和参数设置。

1. 新建文档

常用的新建文档方式有两种。打开 Illustrator，单击左侧的【新建】按钮，或执行"文件→新建"命令，都可以打开【新建文档】对话框

在【新建文档】对话框中有最近使用项、已保存和 5 个文档预设选项卡，如图 1-1 所示，可以根据需求选择打开或新建文档。

图1-1

其中，根据项目需求选择新建文档的类型可以参考以下设置。

针对互联网项目，例如制作图标、App 界面、专题页、活动页、详情页、Banner 和网页等，可以选择"移动设备"和"Web"，其默认无出血设置，单位为像素、颜色模式为 RGB、分辨率为 72ppi。

针对视频项目，可以选择"胶片和视频"，其默认无出血设置，单位为像素，颜色模式为 RGB，分辨率为 72ppi。

针对印刷项目，例如制作宣传单、图书封面和插图等，可以选择"打印"和"图稿和插图"，其默认无出血设置，单位为毫米、颜色模式为 CMYK、分辨率为 300ppi。另外，在制作印刷品时，建议设置 3mm 的出血。

2. 文档设置

完成文档的创建后，可以增加多个画板。增加画板有两种方式，一是选择【画板工具】，在属性栏上单击【新建画板】按钮，即可创建相同尺寸的画板，如图 1-2 所示。二是打开【画板】面板，单击【新建画板】按钮，也可以创建相同尺寸的画板，如图 1-3 所示。

3. 保存文档

为防止在设计过程中软件意外退出，以此造成项目进度丢失的情况发生，建议读者在新建文档后执行"文件→存储"命令保存文档，快捷键为 Ctrl+S。

图1-2   图1-3

按快捷键 Ctrl+S 所保存的文档格式默认为 AI 格式，用 Illustrator 打开该格式的文件可以继续对该文件进行编辑。

4. 导出文档

用 Illustrator 完成设计工作后，客户可能会要求设计师导出不同格式的文件以满足其不同的使用需求；当需要将完成的作品发布到网站上时，也需要先将文件导出。

常用文件格式如下。

PNG：常用的网络图像存储格式，可以带透明背景。

JPEG：目前网络上最流行的图像格式，文件小，图像清晰。

PSD：Photoshop 的专用格式，可以保留图层信息。

TIFF：能够保持高质量的图像，但文件相对较大。

（1）导出为

执行"文件→导出→导出为"命令，在弹出的【导出】对话框中设置文件名称，选择导出路径，在"格式"的下拉列表中选择需要导出的格式。

如果在文件中使用了多个画板，导出时这些画板会在同一页面上。如果在导出时勾选了"使用画板"，选择需要导出的画板范围，则会以画板为单位，导出多个文件，如图 1-4 所示。

（2）导出为多种屏幕所用格式

执行"文件→导出→导出为多种屏幕所用格式"命令，弹出【导出为多种屏幕所用格式】对话框，它的功能与"导出为"类似，可以选择画板导出全部或导出指定的画板。不同的是，"导出为多种屏幕所用格式"命令可以将画板成倍数缩放，然后再导出。在对话框的"格式"中，有"缩放""后缀"和"格式"设置。"缩放"可以选择或指定调导出图像的缩放比例，也可以单击"添加缩放"，以此导出同一画板的不同倍数。下拉"格式"菜单，可以根据项目需要选择相应的图片格式导出，如图1-5所示。

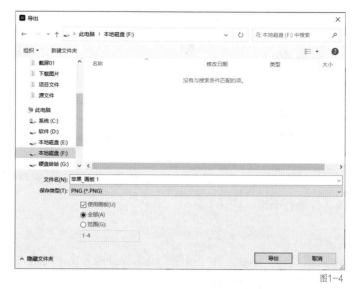

图1-4

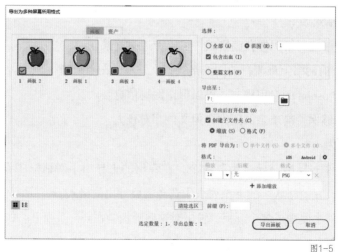

图1-5

（3）资源导出

"资源导出"主要用于导出文件中的单个元素，可以对选中的元素进行缩放，也可以选择导出的文件格式。在软件右侧打开【资源导出】面板，或者执行"窗口→资源导出"命令打开该面板，将需要导出的元素拖入面板，调整设置，即可导出单个元素，如图1-6所示。

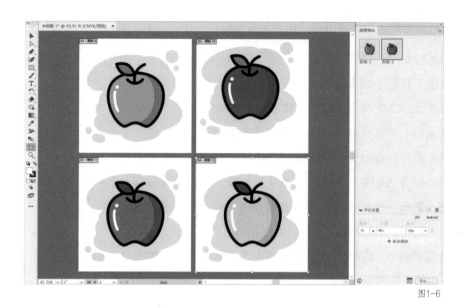

图1-6

知识点 2 打开和查看文档

打开文件后，可以对文件的内容进行编辑。在设计过程中，为了放大看画面细节，缩小看画面整体，查看文件的操作也非常重要。本节将主要讲解打开和查看文件的操作，便于读者快速上手 Illustrator。

1. 打开文档

在 Illustrator 中打开文件的方式有很多，同时，Illustrator 也可以打开多种文件类型。

（1）打开文件的方式

打开 Illustrator，在该软件的初始界面左侧，单击【打开】按钮，在弹出的【打开】对话框中选择要打开的文件即可，也可以把文件拖曳至该软件中直接打开。

（2）打开文件的类型

下面介绍几种经常在 Illustrator 使用中常见的文件类型，如图 1-7 所示。AI 格式是 Illustrator 自带的源文件格式；EPS 是跨平台的标准格式，专用的打印机描述语言，可以描述矢量信息和位图信息；PDF 是便携式文档格式，它会忠实还原原稿，并将字体、图片、图形封装在一起。如果 EPS 格式和 PDF 格式的文件有图形，用 Illustrator 打开这些文件还可以继续编辑文件中的图形。JPEG格式在Illustrator中打开后只是一张图片，可以通过图像描摹功能将图片转换为矢量图形。

2. 缩放工具

使用工具箱中的【缩放工具】可以查看图形的细节，如图 1-8 所示，快捷键为 Z。想要放大图形看得清晰时，可以直接在画布上单击想要放大的位置，或在想要放大的位置按住鼠标左键并向右拖曳，快捷键为 Ctrl+ +。反之，想要缩小图形可以按住 Alt 键，当光标的加号变为减号时，单击画布即可缩小图形，也可以按住鼠标左键并向左拖曳，快捷键为 Ctrl+ -。在图形放大的情况下，如果想要快速浏览全图，可以按快捷键 Ctrl+0，此时图形按照屏幕大小显示。双击【缩放工具】也可以按照 100% 大小显示图形。

图1-7

3. 抓手工具

图形放大后，如果想要按该显示比例查看图形的其他区域，可以使用【抓手工具】来实现，如图 1-9 所示，快捷键为 H。按住鼠标左键在图形上进行拖曳，改变图形在屏幕上显示的位置。在使用其他工具的状态下，按住空格键可以快速切换到【抓手工具】。将【缩放工具】和【抓手工具】结合起来使用可以快速查看图形细节。

图1-8

图1-9

拓展：标尺和参考线

标尺和参考线要搭配使用，有标尺才能拖出参考线。参考线的作用是辅助对齐对象。执行"视图→标尺→显示标尺"命令，即可在窗口中的左侧和上方显示标尺，快捷键为 Ctrl+R。将光标放在标尺上按住鼠标左键并拖曳到画板上，即可在画板上作出参考线，如图 1-10 所示。

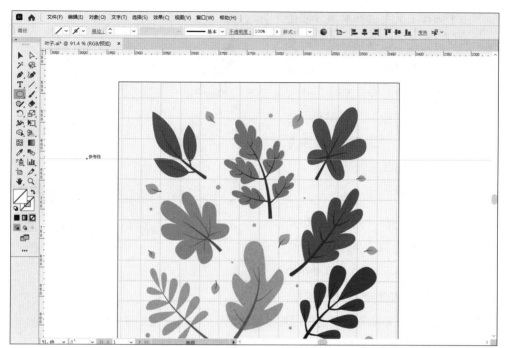

图1-10

执行"视图→参考线→隐藏参考线"命令可以隐藏画板上的参考线，快捷键为Ctrl+；。如果想移动或删除参考线，需要先执行"视图→参考线→解锁参考线"命令，解锁参考线以后使用【选择工具】选中参考线可以进行移动或删除。如果想要全部删掉画板上的参考线，执行"视图→参考线→清楚参考线"命令。另外，也可以将普通直线、曲线或者图形变为参考线，选择画好的直线，单击鼠标右键，在弹出的下拉列表中选择"建立参考线"，如图 1-11 和图 1-12 所示。

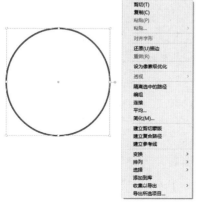

图1-11

图1-12

用【选择工具】选择对象，按住鼠标左键进行拖曳，移动对象时所看到的参考线是智能参考线，非常方便将各图形之间进行对齐，如图 1-13 所示。如果在移动对象时没有出现智能参考线，可以执行"视图→智能参考线"命令开启智能参考线。

拓展：网格

互联网设计师设计的作品载体是屏幕，而屏幕是由像素格构成的，并且还受到屏幕大小的限制。所以在绘制图标、界面时都需要精确到像素，

图1-13

才能确保作品清晰显示。网格的作用就是辅助设计师创作完美的像素作品。

执行"视图→显示网格"命令，即可显示网格，快捷键为 Ctrl+"。

（1）对齐网格的使用

执行"视图→对齐网格"命令开启对齐网格功能后，图形在移动时会自动对齐网格线。但有时需要图形间对齐，此时就需要取消对齐网格命令。

（2）调整网格

执行"编辑→首选项→参考线和网格"命令，在弹出的【首选项】对话框中设置网格线间隔和次分隔线来调整网格的大小，如图 1-14 所示。

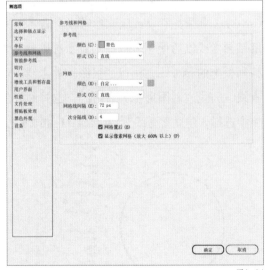

图1-14

知识点 3 对象的基础操作

本节主要介绍如何选择单个或多个对象，以及如何选择对象的锚点和路径等基础操作。

1. 选择工具

【选择工具】可以用于选择完整的对象，然后对该对象执行移动、旋转和缩放等操作，如图1-15所示，快捷键为V。

在工具箱中选择【选择工具】，单击或框选对象即可选中，被选中的对象四周会出现一个定界框，在被选中的对象上按住鼠标左键拖曳就可以移动该对象，如图1-16所示。

图1-15　　　　　　　　　　　　　　　　图1-16

用【选择工具】单击对象，将鼠标移到右上角外变为旋转光标，则可以旋转对象。在旋转时按Shift键可以将图形旋转45°。

用【选择工具】单击对象，将鼠标移到定界框的角点上进行拖曳即可进行等比例缩放。在拖曳时按住Shift键可以解除等比例缩放对象的限制。

2. 直接选择工具

【直接选择工具】可以用来选择完整的对象或选择对象的锚点或路径，以此来调整对象的形状，快捷键为A，如图1-17所示。

选择【直接选择工具】，当鼠标靠近锚点时会出现空心方格，单击锚点，空心方格变为实心方格，表示该锚点为选中状态，如图1-18所示。拖曳鼠标可以改变形状，如图1-19所示。按住Shift键单击或框选锚点可以连续选中多个锚点。

与选择锚点的方法相同，能改变所选路径的形状。

图1-17

图1-18

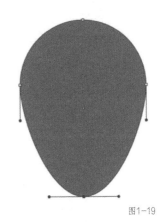

图1-19

3. 魔棒工具

新版本 Illustrator 在选择对象上更方便，例如【魔棒工具】可以快速选择元素，具有相似属性的元素都会被选中，并通过容差来控制选择范围。

如图 1-20 所示，在工具箱中选择【魔棒工具】，在画板中单击需要的颜色，即可将画板中相似的颜色全部选中。在【魔棒】面板中，可以通过调整容差参数来选择需要的元素，如图 1-21 所示。降低容差参数可以只选择一样的属性，如图 1-22 所示。提高容差参数，相似的属性都可以被选中。所以要选择相似的填充颜色、描边颜色、描边粗细、不透明度和混合模式时可以使用【魔棒工具】。

图1-20

图1-21

图1-22

4. 套索工具

【套索工具】可以随意圈选想要的锚点和路径，如图 1-23 所示。选择【套索工具】，按住鼠标左键框选所需的锚点即可，如图 1-24 所示。

图1-23

图1-24

知识点 4 图形工具组

图形工具组是 Illustrator 中最常用的工具之一，主要用于绘制图形，如 UI 图标、企业 Logo 等。使用图形工具组中的工具可以绘制简单的图形，通过布尔运算将简单的图形进行组合，从而得到各种复杂的图形或图标。

1. 图形工具组是什么

图形工具组位于工具箱中，包括矩形工具、圆角矩形工具、椭圆工具、多边形工具、星形工具等，如图 1-25 所示。使用这些工具绘制出基础图形；按住 Shift 键可以绘制正方形、圆角正方形、圆形、正多边形等。

2. 图形工具组的用法

想要组合基础图形得到复杂的图形，需要进行图形的布尔运算。布尔运算是指将两种或以上的图形进行运算而得到新的图形，其主要分为联集、交集、减去顶层、差集 4 种运算方式。

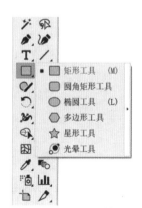

图1-25

（1）布尔运算的 4 种方式

联集指的是两个图形重叠并相加，得到新的形状，如图 1-26 和图 1-27 所示。

交集指的是两个图形相交，得到区域相交的形状，如图 1-28 和图 1-29 所示。

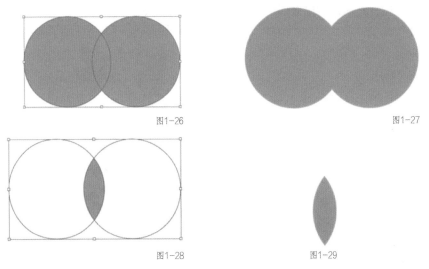

图1-26　　　　　　　　　　　　　　　　　　　图1-27

图1-28　　　　　　　　　　　　　　　　　　　图1-29

减去顶层指的是两个图形重叠并减去顶层形状，得到除顶层外的区域，如图 1-30 和图 1-31 所示。

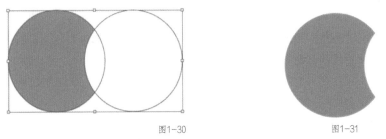

图1-30　　　　　　　　　　　　　　　图1-31

差集指的是两个图形相交，得到两个图形相交以外的区域，如图 1-32 所示。

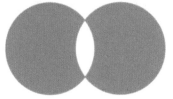

图1-32

（2）布尔运算的操作

图形的布尔运算需要使用【路径查找器】面板，如图 1-33 所示。如果在编辑过程中不再需要对图形单独编辑，执行"对象→扩展"命令可以合并形状。

案例：典型布尔运算

下面通过 4 个复合图形来深入介绍图形的布尔运算。

图1-33

1. 联集案例：心形

　　将两个圆形和一个正方形进行联集运算可以得到一个心形。首先，使用【矩形工具】和【椭圆工具】绘制正方形和圆形，然后移动圆形，使圆形的直径与正方形的一条边重叠，且圆形的直径与正方形的边长要相等，按照此方法再复制一个圆形到正方形的另一条边上，使用【选择工具】框选所有图形，在路径查找器面板中单击【联集】按钮，然后将整个图形转正即可完成心形的绘制，如图 1-34 所示。

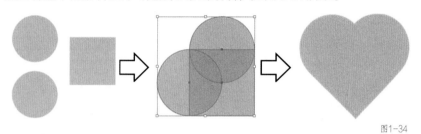

图1-34

> 提示　按快捷键Ctrl+Y可以将图形去掉描边和填充的颜色，以轮廓显示，方便将圆形和方形对齐。

2. 减去顶层案例：信息图标

　　将矩形和三角形进行联集运算，再将联集所得的图形与 3 个圆形进行减去顶层运算，从而得到一个新图形。首先，使用【矩形工具】和【多边形工具】绘制矩形和等边三角形，调整两个图形至合适的位置后将其进行联集运算，之后绘制 3 个圆形，使其在矩形居中等距分布，使用【选择工具】框选所有图形，在路径查找器面板中单击【减去顶层】按钮，即可完成"信息"的图标的绘制，如图 1-35 所示。

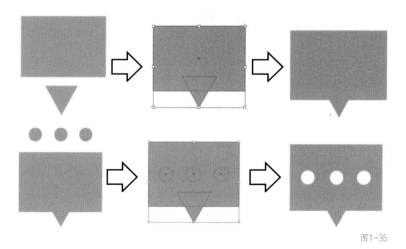

图1-35

3. 交集案例：信号图标

将正方形和圆形进行多次运算可以得到一个信号图标。首先，使用【椭圆工具】和【矩形工具】绘制一个圆形和一个正方形，然后将矩形旋转45°，让正方形的顶点和圆中心位置重合，用【选择工具】选中正方形和圆形，在路径查找器面板中单击【交集】按钮，得到一个扇形，如图1-36所示。用【椭圆工具】绘制4个同心圆，选中外圈的3个圆形后，在路径查找器面板中单击【差集】按钮，效果如图1-37所示。

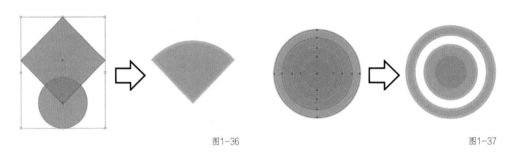

图1-36   图1-37

将扇形和新得到的图形垂直对齐，将扇形的顶端和圆环的圆心对齐，选中扇形和外圈的圆环，在路径查找器面板中单击【减去顶层】按钮，得到最终的信号图标，如图1-38所示。

图1-38

4. 差集案例：信封图标

将正方形和矩形进行差集运算可以得到一个信封图形。首先使用【矩形工具】绘制一个正方形，并旋转45°。再绘制一个矩形，使矩形的顶边与正方形的水平对角线重合。使用【选择工具】框选所有图形，在路径查找器面板中单击【差集】按钮，即可完成信封图标的绘制，如图1-39所示。

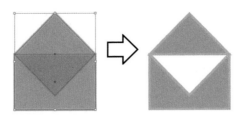

图1-39

知识点 5 填色和描边

不管是线性图标还是面性图标，为了使其更美观，我们需要对图标进行填色和描边处理。下面将详细讲解【填色和描边】工具的使用方法，通过线性图标案例和面性图标案例让读者更熟练地掌握填色和描边功能。

1. 填色和描边是什么

使用图形工具组绘制完图形后，一般需要使用填色工具为图形填充颜色，或使用描边工具沿着图形外轮廓描绘线条。

2. 填色和描边的用法

【填色与描边】工具位于工具箱的底部，如图 1-40 所示。

默认情况下，填色为白色，描边为黑色。在【填色与描边】工具组中，位于上方的工具为当前操作对象，默认操作对象为填色工具。

选中图形后，双击填色或描边工具，在弹出的【拾色器】对话框中选中颜色即可修改图形的填充或描边颜色。单击【无】按钮可以去掉填充或描边的颜色。使用选择工具、直接选择工具、图形工具组时，属性栏也会出现填色和描边选项，如图 1-41 所示。

图1-40

图1-41

3. 描边设置

执行"窗口→描边"命令，打开【描边】面板，如图 1-42 所示。在【描边】面板中可以对图形线条的粗细、端点、边角等进行设置。

"粗细"主要用于调节描边线条的粗细程度，数值越大，线条越粗，数值越小，线条越细。"端点"主要用于调节描边线条端点的形状，包括"平头端点""圆头端点"和"方头端点"3个选项，其中最常用的是"平头端点"和"圆头端点"。以图1-43为例，图1-44所示为加大描边数值后，选择"圆头端点"的描边效果。

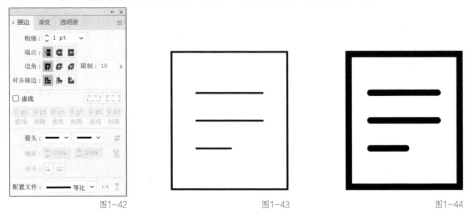

图1-42　　　　　　　　　图1-43　　　　　　　　　图1-44

"边角"主要用于调节描边线条连接处的形状，包括"斜接连接（直角）""圆角连接（圆角）"和"斜角连接（斜角）"3种效果，如图1-45所示。

图1-45

注意 描边对齐选择为"内侧对齐"时"边角"无法使用。

"对齐描边"主要用于设置以图形框（蓝色参考线）为基准使描边居中、外侧或内侧对齐，3种对齐方式的区别如图1-46所示。

勾选"虚线"选项后，可以将图形的轮廓线条设置为虚线，并且可以调整每段虚线和间隙的长度，如图1-47所示。

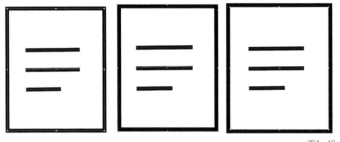

图1-46

图1-47

"箭头"主要用于设置描边路径起点和终点处箭头的形状，如图 1-48 所示。单击【互换箭头起始处和结束处】按钮，也可以交换起点和终点的箭头形状，如图 1-49 所示。

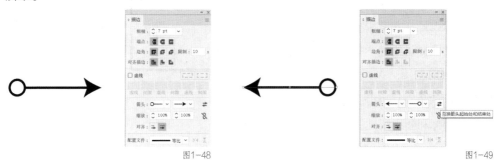

图1-48　　　　　　　　　　　　　　　　　　　　图1-49

拓展：直角变圆角

直角变圆角主要分为使用【圆角矩形工具】绘制圆角矩形和将转换角点向内拖曳两种方式。

（1）使用【圆角矩形工具】绘制矩形

用【圆角矩形工具】绘制圆角矩形，执行"窗口→属性"命令打开【属性】面板，在【属性】面板的下拉菜单中，通过调整边角类型或圆角角度的数值来改变圆角矩形的圆角角度，如图 1-50 和图 1-51 所示。

图1-50

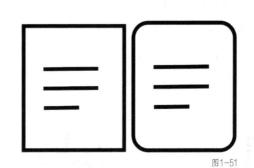

图1-51

（2）将转换角点向内拖曳

使用【直接选择工具】，框选任意一个端点，此时图形内部会出现圆角调整点，按住鼠标左键并向内拖曳该点，直角就会变圆角，效果如图 1-52 所示。

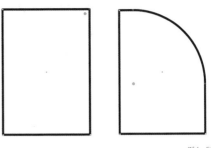

图1-52

案例1：绘制线性图标

图标设计样式有很多，主要分为线性图标和面性图标。线性图标是指通过线条的勾勒展现图形轮廓。以线条为主的图标类型，通过不同的角和线可分为直角线性图标、圆角线性图标和断线线性图标。

下面通过 3 个案例分别讲述直角线性图标、圆角线性图标和断线线性图标的制作过程。

（1）直角线性图标

使用【矩形工具】和【直线段工具】绘制出图 1-53 所示的图标，然后用【添加锚点工具】分别在矩形的右上角添加两个锚点。如果锚点的位置不好确定，可以画一个正方形作为参照物，确定两个锚点的位置，最后使用【删除锚点工具】，单击右上角的锚点，保存图标就完成了，如图 1-54 所示。

图1-53

图1-54

（2）圆角线性图标案例

用【矩形工具】绘制一个矩形，选择【旋转工具】，按住快捷键 Alt 并单击矩形的中心，在弹出的【旋转】对话框中将角度改为 60°，并进行复制。按两次快捷键 Ctrl+D 即可得到 3 个矩形相交的图形，然后用【选择工具】框选图形，单击路径查找器面板的【联集】按钮得到图形，如图 1-55 所示。

图1-55

用【选择工具】框选图形，使用【直接选择工具】将形状上的锚点向外拖曳，即可得到图标的外轮廓，最后使用【椭圆工具】，按住 Shift 键在内部画出圆形，如图 1-56 所示。

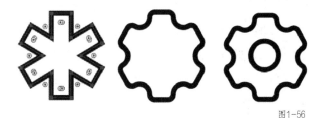

图1-56

（3）断线线性图标

使用【椭圆工具】绘制圆形，先用【直接选择工具】框选圆形，单击下方锚点向下拖曳延长圆形底部，然后单击属性栏中的【将所选锚点转换为尖角】按钮，如图 1-57 所示。

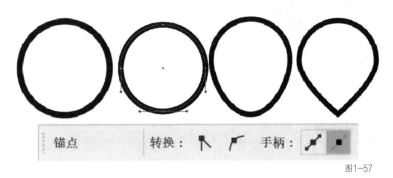

图1-57

继续对图形做调整，分别选中图形左右两端的锚点向下拖曳，扩大图形的弧度，在调整的过程中可以拖曳参考线作为参考。使用【添加锚点工具】，在断线位置添加锚点。用【直接选择工具】选中需要删除的线段，按 Del 键删除，得到定位图标的外轮廓。最后用【椭圆工具】画出圆形，定位图标就制作完成了，如图 1-58 所示。

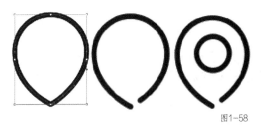

图1-58

案例2：绘制面性图标

面性图标是指对图形进行色彩填充的图标样式。接下来通过照片库图标案例，深入介绍面性图标的制作流程。

先用【圆角矩形工具】绘制圆角矩形，在【变换】面板设置圆角角度。用【矩形工具】绘制一个正方形，填充颜色，使用【删除锚点工具】单击右下角锚点，使其变为三角形。然后将三角形顺时针旋转45°，用【直接选择工具】将三角形的尖角改为圆角并复制该三角形。再选中两个三角形，单击路径查找器面板的【联集】按钮，形成"山"形，并移动到矩形框中的合适位置。选中矩形框，复制图形，按快捷键Ctrl+F原位粘贴，选中上方矩形框和"山"形，单击【交集】按钮，去掉矩形框外的部分。最后使用【椭圆工具】绘制一个圆形，照片库图标就绘制完成了，如图1-59所示。

图1-59

知识点6 应用效果

除了基本的造型和配色外，一套成功的图标设计还需要精美的质感，给人留下深刻的印象。我们可以通过Illustrator效果和Photoshop效果为图标"加分"。

1. Illustrator效果

选中绘制好的图标，打开【效果】菜单可以看到一系列的Illustrator效果选项，如图1-60所示，常用的效果主要有内发光、外发光和投影等。

图1-61中主要应用了投影效果，具体操作为，选中设计好的图形，执行"效果→风格化→投影"命令，打开【投影】面板，模式设为正片叠底，保持X位移不变，将Y位移数值增大，调整到合适的位置，这样呈现的投影是在图标的正下方，获得一种悬浮感。投影不透明度设为30%左右，投影的颜色不能使用黑色或者灰色，根据每个图标的颜色选择比图标颜色饱和度更高、明度更低的颜色，这样投影的颜色会更加干净通透。

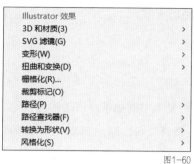

图1-60

图1-61

2. Photoshop效果

Photoshop 效果是基于像素的，将矢量对象通过像素呈现效果。打开【效果】菜单，可以看到一系列的 Photoshop 效果选项，如图 1-62 所示。

图1-62

图 1-63 和图 1-64 主要应用了高斯模糊效果，具体操作为，选中需要模糊的图形，执行"效果→模糊→高斯模糊"命令，根据视觉效果调节半径的大小，半径越大，模糊范围越大，半径越小，模糊范围越小。

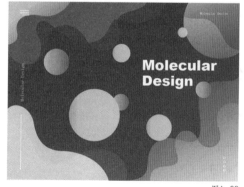

图1-63

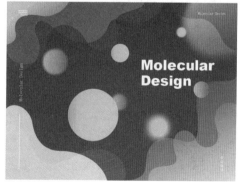

图1-64

【工作实施和交付】

首先要理解和分析客户的需求，根据客户要求的图标效果、风格、应用场景进行设计，用恰当的工具调整图标形状，最终交付合格的方案。

分析客户需求，制定设计方案

在接到项目后，首先要分析客户需求，将项目要求中的抽象词语转换为视觉语言。比如"游戏商城"可以用游戏手柄来表现，"聊天软件"可以联想到喇叭，"休闲软件"对应咖啡杯，"电池设置"对应电池，"记事本"联想到键盘，"喜爱的游戏"联想到爱心，"收藏夹"用五角星来表示，"待办项"可以联想到灯泡。

通过发散思维得到具象的视觉语言以后，可以寻找一些图形作为参考，然后画出草图。图标的设计要符合客户要求，图案简洁并保留视觉特征，能够让用户易于识别。因为是系列图标，所以在设计时还要注意图标的统一性，比如大小、色彩、风格特点的统一等。根据客户的需求，设计方案采用 3D 效果，因为 3D 图标的轮廓比较简约，但是细节又很写实，立体化的特点也更具视觉观赏性，而且 3D 图标能够多角度地展示，适应很多场景。而 3D 图标使用的颜色通常都比较简单明亮的，具有很好的表现力。

最后，再结合客户产品的自身特点，确定设计方案。

绘制平面图标线稿

下面在 Illustrator 软件中进行具体的操作。根据客户对提交文件的要求，新建一个宽高为 800px × 600px，颜色模式为 RGB 的页面，在页面中显示网格，以此规范图标的大小。

下面以绘制"计算器"图标为例进行讲解。我们需要分别绘制它的轮廓、显示屏和按钮。首先用【矩形工具】绘制一个无填充的计算器轮廓，并且为了符合计算器的外观特点，将矩形调整为圆角矩形，如图 1-65 所示。

接着绘制一个圆角矩形，将其作为计算器的显示屏，并调整该矩形至外轮廓的偏上居中位置。在调整该矩形的圆角角度时，注意使内外矩形的弧度保持协调，如图 1-66 所示。

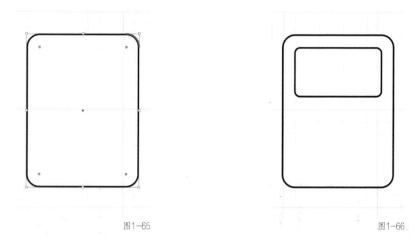

图1-65   图1-66

提示 在移动图形时，会有智能参考线来辅助对齐，如果还是无法对齐，可以用【选择工具】框选整个图形，执行"窗口→对齐→选择水平居中对齐"命令让两个图形对齐。

在绘制计算器的按钮时，可以先绘制一个大小适当的圆角矩形，通过复制、水平移动和垂直移动，使矩形图标均匀地分布在计算器面板中，并让其轮廓和计算器保持协调，如图 1-67 所示。

然后按照这个方法绘制"键盘"图标。首先分析一下键盘的按键特征，键盘的按键包括字母键、回车键和空格键。其中，在绘制回车键时，可以先将两个矩形联集，再利用【直接选择工具】调整拐角的圆角形状，最后，将所有绘制好的按键适当地布置在键盘区域，如图 1-68 所示。

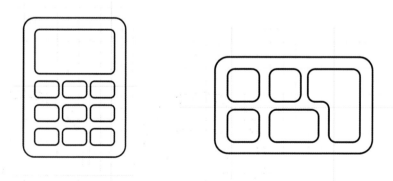

图1-67   图1-68

提示 【直接选择工具】可以调整图形单独的锚点和路径。【选择工具】可以移动图形，以及调整图形的整体大小。

接下来，利用"联集"绘制一个"游戏手柄"的图标。首先绘制两个圆角矩形和一个矩形，并调整3个图形的位置，使其组合形成的轮廓形似手柄，如图1-69所示，接着对3个图形执行"联集"命令，使其只保留游戏手柄的外观。然后绘制矩形和圆形作为游戏手柄面板的按钮，如图1-70所示。

注意 矩形的最高点，要跟圆角矩形的最高点重合，矩形底角的高度一定要超过椭圆下方内侧的锚点位置。

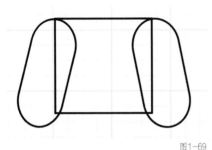

图1-69

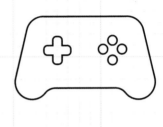

图1-70

接下来该绘制表示"喜欢"和"收藏"的两个圆形图标了。使用【椭圆工具】绘制圆形，复制该圆形并调整大小，使得两个圆形组成一个圆环形状。

提示 可以把图形原位粘贴到上一个图形的前面，快捷键是Ctrl+F。

"喜欢"图标内部的"心形"可以通过两个圆形和一个正方形组合而成，其圆形的直径和正方形的边重合。当图形间衔接细节不清晰时，可以利用轮廓界面观察形状的路径，以此更准确地调整图形位置，如图1-71所示。

为了让圆形图标内部更加丰富，可以再添加一个圆角矩形作为装饰。最后，适当调整内部图形的位置和角度，"喜欢"图标就绘制完成了，如图1-72所示。

用同样的方法，利用【星形工具】绘制一个"收藏"图标，如图1-73所示。

图1-71

图1-72

图1-73

"电池""喇叭""咖啡杯"和"灯泡"的共同特点是轴对称，所以只需要绘制一个轴截面，之后再利用"3D绕转"功能，就可以呈现立体图标的效果。

为了展现出电池的特点，在绘制"电池"图标截面时，要分别绘制电池体、电池上的花纹和电池正极，如图1-74所示。

接着绘制"喇叭"的轴截面图形，该图形可以分解为一个外框和一个中心的圆柱，最后绘制的平面图形如图1-75所示。

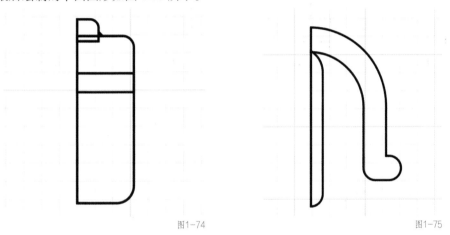

图1-74　　　　　　　　　　　　　　　　　　　　图1-75

对于喇叭这个不规则的轴截面图形，可以通过多次布尔运算获得：绘制一个矩形，通过拖曳矩形内部上方的两个圆角点，使其成为大圆角矩形，如图1-76所示。

复制该圆角矩形并调整两个圆角矩形的宽度和位置，让两个圆角矩形不相交的部分为对称的拱形，且使窄边图形处于顶层。减去顶层操作，使两个图形相减，从而得到一个拱形，如图1-77和图1-78所示。

图1-76　　　　　　　　　　　图1-77　　　　　　　　　　　图1-78

因为最终需要的喇叭轴截面为当前绘制图形的一半，所以在绘制时只需要绘制一侧的图形即可。在拱形的一端绘制一个小矩形，使得该矩形与拱形底端对齐重合，如

图 1-79 所示。

让这两个小矩形与拱形进行联集，并调整矩形的角为圆角，如图 1-80 所示。

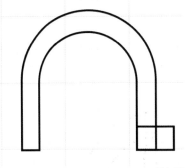
图1-79

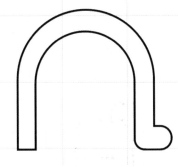
图1-80

创建一条垂直参考线，让其处于拱形的对称轴位置，并在该对称轴上绘制一个矩形，如图 1-81 所示。

调整该矩形右上角的角为圆角，并适当移动该图形的位置，如图 1-82 所示。

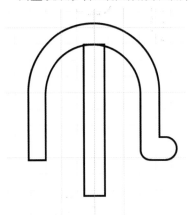
图1-81

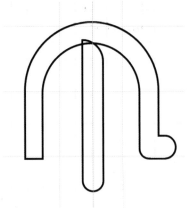
图1-82

沿垂直参考线绘制两个重叠的矩形，且该矩形能覆盖图形的左侧区域，如图 1-83 所示，利用减去顶层功能，分别让矩形与所绘制的两个图形相减，如图 1-84 和图 1-85 所示。这样就得到了所需的喇叭的轴截面。

按照这个方法再绘制咖啡杯和灯泡图形，最终线稿如图 1-86 所示。

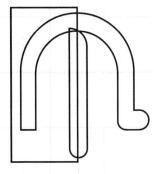
图1-83

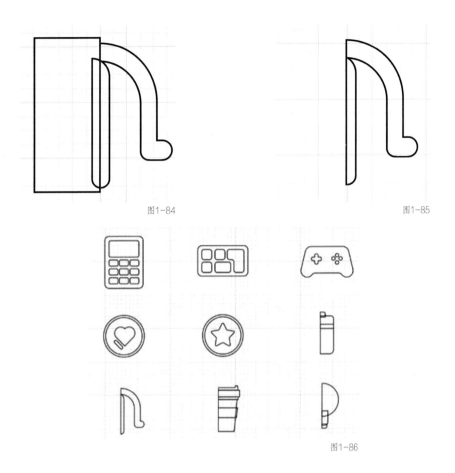

图1-84

图1-85

图1-86

填充图标颜色

根据设计方案和客户要求，颜色要选择简单明亮的颜色。另外，因为是系列图标的设计，所以除了图形造型的统一，颜色也要做到相对统一。用【选择工具】选中要填充颜色的图形，在【色板】面板上选择适当的颜色进行填充。并按照这个方法，设置所有图形的颜色，并去掉描边，如图1-87所示。

提示 为了保持色彩相对统一，若使用相同颜色进行填充，可以用【吸管工具】吸取填充好的图形颜色并填充于其他图形中。

最后，给图标添加一个深色的背景底色，以此来更好地展现图标的效果。用【矩形工具】创建一个与画布大小相同的矩形，置于最底层，并将其锁定，避免在后续的操作中选中它，如图1-88所示。

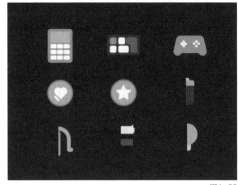

图1-87　　　　　　　　　　　　　　　　　　　　　　　图1-88

添加 3D 效果并进行渲染

完成各个图形的填色工作后，要把每个平面图标框选并编组，这样才能在下一步添加 3D 效果。

添加 3D 效果时，以计算器图形为例，选中编组好的计算器图形，执行"效果→3D 和材质→膨胀"命令，这样图标就生成了默认的立体效果，图标的中间位置会出现一个十字圆圈的操作点，还会弹出【3D 和材质】面板，在这个面板中可以调整图标的角度和 3D 效果，如图 1-89 和图 1-90 所示。

图1-89

图1-90

当光标位于十字圆圈的中心，即可对图标进行任意方向的移动。若将光标分别放置在横轴、竖轴上和圆上，可以分别令图标绕 X 轴、Y 轴和 X 轴旋转。

调整好计算器图标的角度后，在【3D 和材质】面板中对计算器图标进行 3D 效果调整，使该图标的 3D 效果光源从右上照射过来，且图标整体效果光滑，同时有金属质感，如图 1-91 所示。

提示 【3D 和材质】面板可以用来调整目标图标的3D类型、旋转角度、材质以及光照相关设置。在材质设置中，粗糙度可以调整图标的光滑程度，金属质感让图标具有光泽感；光照则可以调整光源的方向和位置、光照强度以及环境光的强度等。

调整好以后，在【3D 和材质】面板中勾选上"光线追踪"并进行渲染，如图 1-92 所示。这样就得到了一个完整的 3D 图标的效果，如图 1-93 所示。

图1-91   图1-92   图1-93

按照这个方法把后面的图标都应用上 3D 效果。另外 4 个轴旋转的图标需要用到 3D 和材质中的"绕转"功能，把另一半的图形补全，这样立体图标就做好了，如图 1-94 所示。

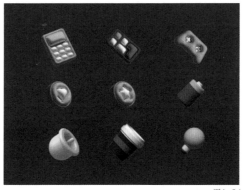

图1-94

提示 渲染的品质需要根据计算机配置来勾选，一般选择"中"就可以。如果计算机配置高的话，也可以选择"高"。

设计完成后，将效果图导出为 JPG 格式文件，将最终效果的 JPG 格式文件和 AI 格式工程文件按照要求格式命名，放到一个文件夹，将文件夹提交给客户，如图 1-95 所示。

YYY_立体图标设
计效果图_日期

YYY_立体图标设
计最终文件_日期

YYY_立体图标设
计_日期

图1-95

【作业】

微信小程序有着与 App 相似的功能，却不用下载、不占内存、简单易操作，因此越来越受大众的喜爱，所以小程序的图标设计需求也越来越多。现在，**某大学**的负责人找到你，需要你为该大学已开发好的小程序设计一**系列图标**。该小程序的整体风格简约、清新、所以希望设计的图标能符合小程序整体风格，图标样式能清晰展现出图标含义。设计完成后将最终的方案发给各方确认。确认无误后，将会在该大学的小程序上投入使用。

项目名称：校园小程序图标设计。

项目资料：校园地图、学校新闻、信息、教室预约、成绩查询、学校新闻、课堂考勤、公告与课程表图标。

项目要求

（1）图标所表达含义与功能相对应，且清晰明了。

（2）图标样式设计为面性图标，符合小程序整体简约的风格。

（3）设计样式要独特、与众不同。

（4）考虑图标的使用环境，大小缩放是否影响图标展现效果。

项目文件制作要求

（1）文件夹命名为"YYY_校园小程序图标设计_日期（YYY 代表你的姓名，日期要包含年月日）"。

（2）此文件夹包括最终效果的 JPG 格式文件和 AI 格式工程文件。

（3）尺寸为 600×800px，颜色模式为 RGB，分辨率为 300ppi。

完成时间：2 天。

【作业评价】

序号	评测内容	评分标准	分值	自评	互评	师评	综合得分
01	线稿制作	图形间是否对齐； 图形圆角大小是否和谐； 线条是否流畅	25				
02	填充颜色	颜色搭配是否和谐； 图标间的颜色是否呼应； 图标风格是否一致	25				
03	展现效果	图标是否有视觉艺术效果； 图标能否展现准确含义	30				
04	应用环境	图标是否适用于软件按钮； 缩放是否影响展示效果	20				

综合得分 =（自评 + 互评 + 师评）/3

项 目 ② Logo设计

Logo是代表一个企业、品牌、组织或产品的标识符号，通常由图形、字母、符号等视觉元素组合而成。Logo设计可以传达企业的形象、文化、价值观等信息，同时也可以帮助消费者识别和记忆品牌。它通常用于企业的各种宣传材料、网站、广告、产品包装等。一个好的Logo应该是简洁、易于辨认、有吸引力的，可以在市场竞争中突出品牌形象，提升品牌知名度和美誉度。

本项目将带领读者从设计师的角度完成从获得需求分析需求、构思设计方案到在软件中进行Logo设计的完整流程。

【学习目标】

了解 Logo 的概念与设计形式，使用 Illustrator 钢笔工具、形状生成器工具、实时上色工具和颜色设置功能，掌握使用 Illustrator 进行 Logo 设计的方法。

【学习场景描述】

Jun Company 是一家新兴的科技公司，该公司主要从事人工智能相关的研发和应用。他们的目标是通过技术创新，为人们带来更便捷、高效和智能化的生活，并且该公司已为打开国际市场做好准备。他们需要一个独特而富有创意的 Logo 来传达其科技属性和创新精神，吸引海外潜在客户的注意力，树立品牌形象。公司的相关负责人联系你，需要你来设计一个**符合公司形象的 Logo**。最终的设计方案需要给相关负责人确认。各方确认无误后，该 Logo 将会在公司全平台官方账号中使用。

【任务书】

项目名称：公司 Logo 设计。

设计资料：公司名称为 Jun Company。

项目要求

（1）Logo 图标要有能代表公司的元素，易于识别和记忆，以便在竞争激烈的市场中脱颖而出。

（2）该公司属于科技行业，Logo 的设计风格与配色应该具有现代感和科技感，以便在视觉上吸引目标受众。

（3）该公司的目标受众是年轻人、科技爱好者，以及潜在的海外用户，Logo 设计应该体现年轻化和时尚感，且具有国际化元素。

（4）设计应该具有适应性，以便在不同的媒介上使用，如网站 App、海报和名片等。

项目文件制作要求

（1）文件夹命名为"YYY_ 公司 Logo 设计 _ 日期（YYY 代表你的姓名，日期要包含年月日）"。

（2）此文件夹包括最终效果的 JPG 格式文件和 AI 格式工程文件。

（3）尺寸为 255mm×300mm，颜色模式为 CMYK，分辨率为 300ppi。

（4）完成时间：2 天。

【任务拆解】

1. 分析客户需求并制定设计方案。

2. 用【椭圆工具】绘制多个圆形进行线条叠加。

3. 通过使用【形状生成器工具】的相加和减去功能，从被分割的圆形中得到需要的图形，去掉多余图形。

4. 用【镜像工具】组合形状得到完整的 Logo 线稿。

5. 用【渐变】面板填充渐变色，用【渐变工具】调整渐变方向，为 Logo 填充颜色。

6. 绘制不同背景，用【文字工具】添加公司名称，展示最终效果。

【工作准备】

在进行本项目前，需要巩固以下知识点。

1. Logo 的概念。

2. Logo 的设计形式。

3. 钢笔工具。

4. 形状生成器工具。

5. 实时上色工具。

6. 颜色设置。

如果已经掌握相关知识可跳过这部分，开始工作实施。

知识点 1 Logo 的概念

Logo 可以理解为标志或者商标，让消费者记住企业和品牌文化。优秀的品牌 Logo

需要符合企业文化、品牌定位、企业特征，要简洁明了，让消费者能够在最短的时间内识别出品牌，并自然而然地联想到企业或产品。它能够灵活地应用在各个场景中，在不同的载体上都有强大的表现力。

知识点 2 Logo 的设计形式

常见的几种 Logo 设计形式有：中文 Logo、英文 Logo、中文 + 英文 Logo、图案 + 中文 Logo、图案 + 英文 Logo、图案 + 中文 + 英文 Logo。

中文 Logo：通过对文字进行拉伸或压扁，笔画添加、删减、置换或拼接等方法，让文字图形化或者符号化，使其具有较好的传播性，如图 2-1 所示。

英文 Logo：选用某个或几个字母来做字体设计，设计手法通常采用等线体，即由相等的线条来组成；书法体，字形特点是活泼和自由；也可选用装饰体，在基础字体上进行适当装饰，如在字母外形上加线或投影，添加装饰小形象、肌理效果等，如图 2-2 所示。

数码科技类、高端护肤美妆类、奢侈品箱包类、高端服饰饰品类品牌喜欢采用英文字体 Logo，优点在于潮流大气、国际化，符合现代化企业的风格。

中文 + 英文 Logo：应用范围更广泛，适合国际化和现代化的企业。企业面向国内市场则突出中文，面向国外市场则突出英文，如图 2-3 所示。

图2-1　　　　　　　　　　图2-2　　　　　　　　　　图2-3

图案 + 中文 Logo：最常用的 Logo 设计形式之一，具有极强的可识别性，但造型要简单明了，且色彩不能太多，否则不易于传播，如图 2-4 所示。

图案 + 英文 Logo：国际上常用的一种 Logo 设计形式，适用范围更广泛，图案与文字的搭配方式可以是竖版的也可以是横版的，如图 2-5 所示。

图案 + 中文 + 英文 Logo：如果产品或服务需要在世界市场销售，那么图案 + 中文＋英文的搭配方式的适用性会更好，如图 2-6 所示。

图2-4   图2-5   图2-6

知识点 3 钢笔工具

【钢笔工具】是 Illustrator 中最常用的绘图工具之一，主要用于自由绘制路径。本节将详细讲解【钢笔工具】的使用方法。

1. 钢笔工具是什么

【钢笔工具】在工具箱中，作用是自由绘制路径。单击【钢笔工具】图标或按 P 键可以调出【钢笔工具】，单击鼠标右键可以展开【钢笔工具】的扩展工具菜单，如图 2-7 所示。工具组中最常用的是【钢笔工具】和【添加锚点工具】。

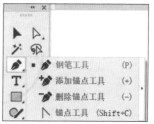

图2-7

2. 钢笔工具的用法

下面讲解【钢笔工具】的 5 种常见用法——绘制直线、绘制闭合路径、绘制曲线、绘制连续的拱形以及绘制直线和曲线相结合的多段线，并讲解直线和曲线的绘制要点。

（1）绘制直线

选择工具箱中的【钢笔工具】，单击画布空白处创建锚点，如图 2-8 所示。按住 Shift 键创建水平或垂直直线，按快捷键 Esc 即可退出【钢笔工具】的操作。

图2-8

（2）绘制闭合路径

在绘制了 3 条直线后，将鼠标指针靠近起始锚点，当鼠标指针旁出现一个小圆圈时，单击起始锚点即可闭合路径，如图 2-9 所示。

（3）绘制曲线

创建锚点时，按住鼠标左键向下拖曳拉出控制线，使用同样的操作创建第二个锚点。将第一个锚点向下拖曳，第二个锚点向上拖曳，依此类推，即可创建 S 形曲线，如图 2-10 所示。

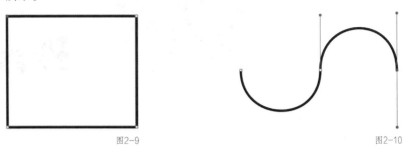

图2-9   图2-10

（4）绘制连续的拱形

在画布空白处按住鼠标左键并向上拖曳绘制第一个锚点，单击并向下拖曳绘制第二个锚点，按住 Alt 键，均换为【锚点工具】，将下方的控制线拖曳至上方。按照此方法绘制下一个拱形，如图 2-11 所示。

图2-11

（5）绘制直线和曲线相结合的多段线

先绘制一条曲线，在第二个锚点上按 Alt 键单击，取消一个控制线，单击创建第三个锚点，则得到一段直线。按住 Alt 键，在第三个锚点上拖曳出控制线，即可继续绘制曲线，如图 2-12 所示。

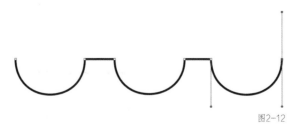

图2-12

> **提示** 没有控制线的锚点是直线，有控制线的锚点是曲线。单击并拖曳鼠标即可拉出控制线，在原有锚点的基础上，按快捷键 Alt 即可拉出控制线。

案例：用钢笔工具勾勒线稿

通过勾勒一个线稿，进一步熟悉 Illustrator【钢笔工具】的使用技巧。

（1）嵌入图片

新建一个大小为 800px×600px 的文件。将线稿添加到文件中，调整大小并将图片嵌入文件，如图 2-13 所示。

（2）描边

锁定线稿图层，新建一个图层，在新建的图层上使用【钢笔工具】进行勾勒。沿着线稿绘制时，锚点越少，路径越平滑。当绘制对称的部分时，如耳朵、龙角等，可先绘制一侧的线条，再通过复制和水平翻转，使两侧线条对称。使用【椭圆工具】绘制眼睛，使用【圆角矩形工具】绘制盘扣，效果如图 2-14 所示。

图2-13

图2-14

> **提示** 绘制曲线时，单击第一个锚点就要拖曳出控制手柄，这样在单击第二个锚点时，才能绘制出曲线。如果绘制的不是闭合曲线，按Esc键退出绘制，按Ctrl键单击画布空白处，可以取消当前路径的选中状态，继续其他路径的绘制。当绘制的路径靠近别的路径时，鼠标指针会出现一个小加号，此时自动变为【增加锚点工具】。为了避免增加锚点，可以在离路径较远的地方单击，再用【直接选择工具】调整锚点位置。

（3）调整线条细节

框选整个图形，适当调粗描边数值，并将端点类型调整为圆头。使用【直接选择工具】，选中锚点，通过改变锚点位置或拖曳控制手柄，调整路径或曲线，让曲线看起来更加自然。使用【钢笔工具】在袖子的位置画出褶皱，效果如图 2-15 所示。

（4）去掉多余线条

　　框选整个图形并移动到文件空白的位置，利用【形状生成器工具】和 Alt 快捷键，去掉不需要的路径，最终效果如图 2-16 所示。

> **注意**　去掉多余路径时，单击的是路径，而不是锚点。

图2-15　　　　　　　　　　　　　　　　　图2-16

知识点 4　形状生成器工具

　　【形状生成器工具】在工具栏中，如图 2-17 所示。可以通过这个工具合并或擦除部分简单的形状来获得自己想要的图案。首先需要用【选择工具】选中所有图形，再使用【形状生成器工具】进行操作。使用【形状生成器工具】可以完成以下 4 项操作。

图2-17

　　合并：用鼠标直接拖曳，将多个形状合并成一个。

　　切割：用鼠标直接单击，将单击部分切割成单独的形状。

　　擦除：按 Alt 键同时单击，将阴影部分擦除。

　　反向：用鼠标直接单击，将反向区域变成一个形状。

知识点 5　实时上色工具

　　【实时上色工具】在工具栏的【形状生成器工具】扩展菜单里，主要用于给图形临时上色。用【选择工具】选择需要上色的图形，展开【形状生成器工具】的扩展菜单，选择【实时上色工具】，如图 2-18 所示。单击图形建立"实时上色"组，其上色的对象必须是闭合路径，在【色板】面板中选择需要的颜色，再单击需要上色的图形，就可以实时上色了，如图 2-19 所示。

图2-18

图2-19

【实时上色工具】不是真正意义上的填充，而是用于给图形临时上色。系统会根据轮廓线来计算上色效果，要想使其变为填充颜色的图形，就需要使用扩展功能，但使用扩展功能后的插画有些功能就不能继续使用了，例如描边的粗细无法改变等。

使用键盘上的左右键可以切换实时上色颜色的明暗，上下键可以切换颜色的色相。

知识点 6 颜色设置

对图标使用颜色，不仅能提升图标的精致程度，还能更好地为界面做修饰，与界面色调保持一致性，让界面元素更统一。接下来详细讲解【色板】【颜色】【渐变】3 个面板的使用方法，从而掌握色彩的运用技巧。

1. 色板

执行"窗口→色板"命令，打开【色板】面板，如图 2-20 所示。在【色板】面板中可以新建颜色、保存画板中的颜色和修改颜色等，接下来将详细介绍相关方法。

（1）新建颜色

在【色板】面板中单击【新建色板】按钮，在弹出的【新建色板】对话框中，可以进行颜色模式、全局色的设置，如图 2-21 所示。

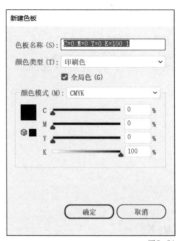

图2-20   图2-21

颜色模式

常用的颜色模式有 RGB 和 CMYK：RGB 模式是加色模式，颜色越叠加越亮，通常用于显示器呈现；CMYK 模式则是减色模式，颜色越叠加越暗，主要在印刷品中使用。

全局色

在【色板】面板中，新建颜色时勾选"全局色"，如图 2-21 所示。当被设置了全局色的颜色有修改时，使用了该颜色的图形也会跟着改变颜色。

除了在【色板】面板中可以新建色板，在【颜色】面板中也可以新建色板。执行"窗口→颜色"命令，在【颜色】面板中单击【扩展】按钮，选择"创建新色板"或者直接将颜色拖曳到色板面板中，都可以存储颜色，如图 2-22 所示。

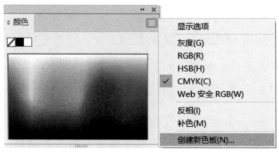

图2-22

（2）保存画板中的颜色

如果需要保存单一颜色，可以选中图形，单击【色板】面板的【扩展】按钮，选择"新建色板"，或者将颜色拖曳到【色板】面板中，即可保存该颜色。如果要保存全部颜色，则全选图形，单击【色板】面板的【扩展】按钮，选择"新建颜色组"，即可保存全部的颜色，如图 2-23 所示。

（3）修改颜色

在绘制图标的过程中，需要对颜色进行修改，有两种方法可以使用。

图2-23

方法一：选中图形，在【颜色】面板中修改颜色。

方法二：如果图形中的颜色使用了全局色，在【色板】面板中找到该颜色并进行修改，则图形自动应用新的颜色。若不是全局色，则需要在色板修改颜色后，再将颜色重新应用到图形上。

2. 配色方案

在进行图标配色时，可以参考 Illustrator 中自带的【色板库】和颜色主题的配色。下面简单介绍这两个面板。

（1）色板库

单击【色板】面板的【扩展】按钮，可以打开【色板库】。在【色板库】中有很多颜色和配色方案可供参考和使用，如图 2-24 所示。

（2）颜色主题

执行"窗口→颜色参考"命令，可以打开更多配色方案，并且可以将选中的配色方案添加到色板中，如图 2-25 所示。

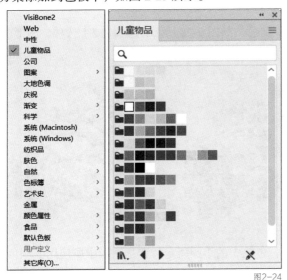

图2-24

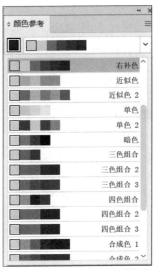

图2-25

3. 重新着色图稿

使用"重新着色图稿"命令可以快速改变图形的配色，查看不同的配色效果。全选图形后，执行"编辑→编辑颜色→重新着色图稿"命令，或者在属性栏上单击【重新着色图稿】按钮，即可打开【重新着色图稿】对话框，如图 2-26 所示。

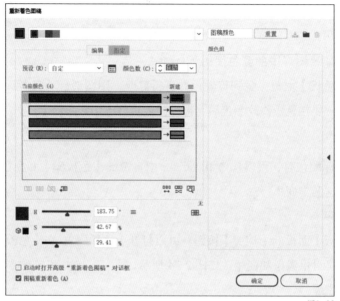

图2-26

其中【颜色数】选项主要用于设置图像中最明显的颜色数量。以图 2-27 为例，其最明显的颜色有 4 种，所以菜单中有 1 ～ 4 的 4 个数字供选择。

选择【1】选项，图形将变为单一配色，如图 2-28 所示；选择【2】选项，图形将变为双色配色，如图 2-29 所示。

图2-27   图2-28   图2-29

在对话框中的【编辑】选项卡上，色轮中的小圆所定位置是图形中所使用的颜色，拖曳小圆可以直接改变图形对应的颜色，如图 2-30 所示。

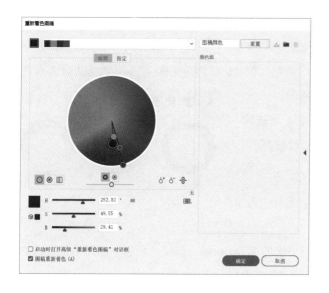

图2-30

4. 渐变

渐变色被运用在各个领域，如 UI、品牌 Logo、海报、插画和字体设计等，如图 2-31 所示。渐变色是用两个或多个不同的颜色填充在一个元素上，这些颜色之间淡入或淡出，过渡微妙细腻。

在 Illustrator 中有【渐变】面板和【色板】面板中的默认渐变两种方法可以设置渐变色，下面详细介绍【渐变】面板中的工具。

选中图形，单击【渐变】面板的渐变图标，图形就被填充了渐变色。在【渐变】面板中可以对类型、角度、渐变滑块等进行设置，如图 2-32 所示。

图2-31

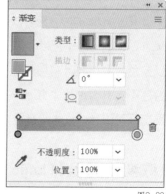

图2-32

类型：渐变的类型分为线性渐变、径向渐变和任意形状渐变。

角度：在角度选项中输入任一角度，可以改变渐变方向。

渐变滑块：双击滑块，会出现颜色、色板、吸管工具，可以修改渐变颜色。

描边也可以应用渐变，选中描边的图形，打开【渐变】面板，可以看到描边渐变分为"在描边中应用渐变""沿描边应用渐变"和"跨描边应用渐变"，可根据设计需求选取不同的渐变描边效果，如图 2-33 所示。

保存渐变色的方法是：将【渐变】面板的图标直接拖曳到【色板】面板中，即可保存。

图2-33

【工作实施和交付】

首先要分析客户需求，根据客户要求的 Logo 元素、风格、色彩、应用场景进行方案设计，用恰当的工具进行 Logo 设计，最终交付合格的方案。

分析客户需求，制定设计方案

在接到 Logo 设计的项目后，首先要分析客户的需求。分析需求能在设计前获得初步的设计思路，确定设计方向和主题颜色，为制定设计方案打下基础。Logo 设计要准确传递出品牌和产品信息，独特、有创意；Logo 造型要简洁、美观、具有艺术性；Logo 的色彩要明快醒目，并且符合科技行业的企业调性。在构思的时候，以客户需求为原则，以英文 Logo 作为出发点，用公司名称进行文字变形，这种 Logo 形态具有较好的传播性，应用更为广泛，而且适用于国际市场。

有了初步方向，就可以设计草图了，同时也可以在草图上确定这个 Logo 的配色。从 Jun Company 中可以提取字母 J。蓝色能体现科技公司的现代感和干练，所以主色调以蓝色为主，同时利用绿色和黄色进行搭配，既符合科技公司的调性，也能通过明亮的色彩吸引客户的注意。Logo 造型以图形组合为主，结合公司的代表字母"J"，既能展现公司信息，也能通过有创意的造型，传递企业的创新精神。

【椭圆工具】绘制 Logo 轮廓

客户的 Logo 会应用在多个媒介，新建画布的颜色类型要考虑不同媒介的要求。新建一个宽高为 255mm×300mm、颜色模式为 CMYK 的画布。

在 Logo 的绘制上，使用基础图形通过拼接、合成和去掉不需要的部分，来组合成字母"J"。

首先使用【椭圆工具】绘制一个圆形，再使用【直线段工具】在圆形的上、下两端绘制两条水平的直线，并使两条直线分别与圆形相切，如图 2-34 所示。复制这个圆形，并水平移动该圆形到适当的位置，如图 2-35 所示。

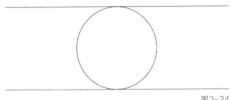

图2-34

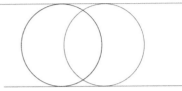

图2-35

> **提示** 在移动的过程中，如果没有办法准确对齐圆形的底部，可以打开【视图】，取消勾选"对齐像素""对齐点"或"对齐字形"，这样在移动的时候就不会因为自动对齐而没法进行精确的对齐了。

再绘制一个圆形，这个圆形的直径要略小于第一个圆形的直径。移动这个圆形使其与大圆居中对齐，且这个圆形的直径与上方直线重合，如图 2-36 所示。复制该圆形并向下移动，使复制后的圆形直径与下方直线重合，如图 2-37 所示。

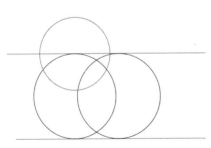

图2-36

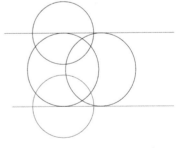

图2-37

另外复制这个圆形并移动，使该圆形与右侧大圆和上方曲线相切，如图 2-38 所示。

再继续绘制不同直径的圆形，丰富图形内部结构。

绘制一个圆形与上方的圆形和下方直线相切，如图 2-39 所示。再绘制一个小圆作为字母"J"拐角的弧度，同样使该小圆与其他大圆相切，

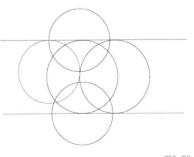

图2-38

如图 2-40 所示。

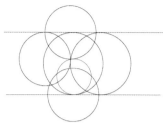

图2-39

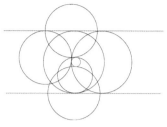

图2-40

底边作为字母"J"的长边，需要绘制额外的一个圆形来延长外部轮廓，复制下方的圆形，水平移动复制的圆形到适当位置，如图 2-41 所示。复制并移动下方直线，使该直线与下方两圆相切，如图 2-42 所示。这样用图形绘制的字母"J"的轮廓结构就完成了。

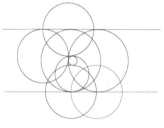

图2-41

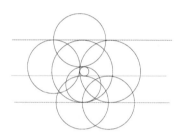

图2-42

使用【形状生成器工具】呈现完整图形

接下来就利用【形状生成器工具】，合并图形构造形状，并把多余的部分剪掉，让组合在一起的部分所形成的完整图形显现出来。框选构成该 Logo 的所有图形，使用【形状生成器工具】，通过拖曳鼠标，将需要构成Logo部分的图案分别合并，如图 2-43 所示。

再利用减去路径功能，去掉不需要的图形和路径，最后的图标效果如图 2-44 所示。

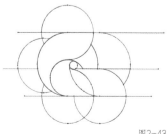

图2-43

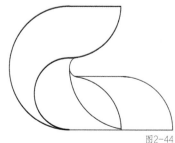

图2-44

【镜像工具】组合形状

调整图形的方向，进行图形的创意组合。框选绘制出的图形，将该图形顺时针旋转90°，并垂直翻转 ，如图 2-45 所示。单个字母的造型比较单调，可以通过复制图形、旋转变换、变形线条来达到丰富画面的目的。复制这个图形并进行垂直翻转，然后调整两个图形到合适的位置，如图 2-46 所示。

图2-45

图2-46

因为两个图形有重叠的部分，所以需要对部分图形进行移动，让画面更美观。将右边图形重叠的部分移动至适当位置，如图 2-47 所示，将这个图形水平翻转 、复制和移动，如图 2-48 所示，这样画面的整体视觉效果更加平衡。最后在左侧上方添加一个圆形，既符合字母"j"的构造，又能丰富画面，如图 2-49 所示。

图2-47

图2-48

图2-49

> **提示** 如果无法确定图形之间是否对齐，可以按快捷键Ctrl+R打开标尺，在上方拖曳一根水平参考线，确保两个图形的底部是对齐的；如果图形没有办法重合，可以适当调整形状。

为图形填充渐变色

为了让 Logo 效果更加丰富，使用渐变色进行填充，使整体呈现出立体效果。填充渐变色以圆形为例，选中圆形图形，在【渐变】面板中，分别调整左、右滑块的颜色，并使用适当的渐变类型，形成从左到右、从浅到深的效果，如图 2-50 所示。

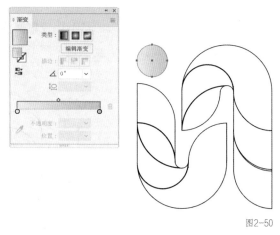

图2-50

接下来，分别给左侧图形的每个色块填充渐变效果，再利用【渐变工具】使其他色块从上到下，从浅到深进行渐变。最后将图形描边设为无，如图 2-51 所示。

之后用同样的方法，给右侧的图形填充上蓝色渐变和绿色渐变，如图 2-52 所示。

图2-51

图2-52

提示　把描边去掉后，检查页面是否有多余的黑色路径，如果有的话就选中并删除。

制作展示效果

绘制好 Logo 以后，需要做一个展示 Logo 的效果图，分别做出 Logo 作为图标以及白色和灰色背景上的展示效果。

绘制渐变蓝色的矩形作为背景，白色的圆角矩形作为图标的底色，并利用投影效果加强对图标的展现，如图 2-53 所示。

用同样的方法做出 Logo 在灰色和白色背景上的效果，并添加公司名称，这样就完成了 Logo 的设计，如图 2-54 所示。

图2-53　　　　　　　　　　　　　　　　　　　　　　　　　图2-54

设计完成后，将效果图导出为 JPG 格式，将最终效果的 JPG 格式文件和 AI 格式工程文件按照要求格式命名，放到一个文件夹，将文件夹提交给客户，如图 2-55 所示。

YYY_公司Logo
设计效果图_日期

YYY_公司Logo
设计最终文件_日
期

YYY_公司Logo设计
_日期

图2-55

【作业】

　　YY Toy City 是一个连锁玩具品牌，致力于为小朋友提供丰富、有趣同时有质量保障的玩具产品。其品牌以黄色橡皮鸭为门店招牌，旨在以丰富的玩具为小朋友打造一个应有尽有的玩具屋，受到广大小朋友和家长的喜爱。该玩具品牌现在需要一个独一无二的 Logo，来展现品牌特点，形成独特的品牌形象。Logo 要包含多种玩具元素，还有鲜艳的色彩组合，以突出品牌的玩具种类丰富，颜色要能吸引小朋友的目光，同时要突出"橡皮鸭"的招牌元素，从而既维护了忠实用户，又吸引了新用户。此品牌的相关负责人需要你来设计一个符合品牌需求的 Logo。最终的设计方案需要给相关负责人确认，各方确认无误后，将会作为品牌的官方 Logo 在各个平台使用。

　　项目名称： YY Toy City 品牌 Logo 设计。

　　设计资料： 公司名称为 YY Toy City。

　　项目要求

　　（1）Logo 设计要保留"橡皮鸭"的招牌元素。

　　（2）设计的 Logo 需要丰富的元素来体现品牌旗下产品种类丰富。

　　（3）设计需要具有设计感，元素多而不乱，Logo 整体和谐美观。

　　（4）Logo 整体颜色明亮鲜艳，能吸引小朋友的注意，颜色搭配协调。

　　（5）设计需要考虑适应不同场合，在不同媒介上展示时，能够有好的展示效果。

　　项目文件制作要求

　　（1）文件夹命名为"YYY_品牌 Logo 设计 _ 日期（YYY 代表你的姓名，日期要包含年月日）"。

　　（2）此文件夹包括最终效果的 JPG 格式文件和 AI 格式工程文件。

　　（3）尺寸为 600px×800px，颜色模式为 CMYK，分辨率为 300ppi。

　　（4）完成时间：2 天。

【 作业评价 】

序号	评测内容	评分标准	分值	自评	互评	师评	综合得分
01	独特性	Logo是否与其他品牌的Logo有明显的区别和差异； 是否能够在众多Logo中脱颖而出	20				
02	简洁度	Logo是否简洁明了	10				
03	色彩搭配	色彩搭配是否符合品牌的风格和定位； 是否能够吸引目标消费者的注意	20				
04	品牌价值	是否能够准确地传达品牌的价值和理念； 是否能让消费者对品牌有更深层次的认知和认同	30				
05	可适应性	是否能够适应不同的媒介和尺寸	20				

综合得分 =（自评 + 互评 + 师评）/3

项 目 ③

Banner设计

Banner是指网幅广告、横幅广告等，通常是在网页中用于呈现广告内容的图片，它是互联网广告中最常见的广告形式之一。

在互联网时代，Banner被广泛应用在网页或App设计，如网页轮播图、推送广告和插屏广告等。这类图片通常设置了跳转功能，用户单击图片后，会自动跳转到指定位置。因为Banner简洁直观，营销效果好，逐渐成为电商营销的重要手段之一。

本项目将带领读者，从设计师的角度完成一个从获得需求，分析需求，构思设计方案到在软件中进行Banner设计的完整流程，掌握Banner的设计方法，做出高质量的Banner。

【学习目标】

了解 Banner 的概念、特点和作用。运用构图知识、配色技巧、文字排版知识，使用 Illustrator 的图层、【吸管工具】和外观功能，实现专业的 Banner 设计。

【学习场景描述】

在夏天即将到来之际，某某新建成的艺术文化主题广场，为了给广场做宣传，增加广场的知名度，同时丰富周边居民的文化生活，计划举办一场小型的夏季音乐节。音乐节将会邀请知名音乐人和乐队前来现场进行表演。**主办方的相关负责人**需要你来为该音乐节设计一个 Banner，引导读者购票。最终的设计方案需要给主办方确认。各方确认无误后，将会发布在线上平台。

【任务书】

项目名称：某某文化广场音乐节 Banner 设计。

设计资料

标题：音乐的狂欢

时间：2023.4.22　18：00-22：00

地点：某某文化广场

项目要求

（1）画面需符合广场的艺术特点，突出广场的艺术氛围。

（2）风格要有意境，有音乐节相关的元素，具有感染力和冲击力。

（3）受众群体大多为热爱音乐的年轻人，设计风格要年轻化。

（4）主题醒目，时间和地点明确。

（5）呈现形式为线上购票平台和点评平台 Banner，使用场景不同，后期需调整导出多种尺寸，因此画面整体设计要易于调整尺寸。

项目文件制作要求

（1）文件夹命名为"YYY_音乐节 Banner 设计 _ 日期（YYY 代表你的姓名，日期要包含年月日）"。

（2）此文件夹包括最终效果的 JPG 格式文件和 AI 格式工程文件。

（3）尺寸为 650px×340px，颜色模式为 RGB，分辨率为 300ppi。

（4）完成时间：2 天。

【任务拆解】

1. 分析需求，构思画面。
2. 勾勒草图，出线稿。
3. 进行填色。
4. 设计文字。
5. 进行排版。

【工作准备】

在进行本项目前，需要巩固以下知识点。

1. 认识 Banner。
2. Banner 的构图方式和配色技巧。
3. Banner 的文字排版。
4. Illustrator 的图层。
5. 【吸管工具】。
6. 【外观】。

如果已经掌握相关知识可跳过这部分，开始工作实施。

知识点 1 认识 Banner

Banner 是一种在线广告形式，通常是一个长条形的图像或 Flash 动画，用于在网站页面的头部或其他位置展示。Banner 广告通常包含品牌或产品的图像、文本、动画或交互式元素，旨在吸引用户的注意力，促进用户与品牌或产品的互动，并达到营销目标。

Banner 设计通常需要具备以下特点。

简洁明了：Banner 广告的展示时间通常很短，因此需要在有限的时间内传达出清晰明了的信息。设计师需要减少冗余的元素和文字，精简设计，以便让用户快速理解广告的主旨和内容。

高清晰度：为了确保 Banner 广告在不同设备和分辨率下都有较好的展示效果，设计师需要使用高分辨率的图片和图标。

引导用户：Banner 广告的主要目的是吸引用户单击，进而实现营销目标，因此设计师需要在 Banner 中加入明显的呼吁行动按钮或链接，以便引导用户进一步的操作。

考虑响应式设计：由于 Banner 广告需要适应各种屏幕尺寸和设备，设计师需要采用响应式设计，以确保广告在不同设备和平台上都能够有较好的展示效果。

> **提示** Banner的常见的网页端尺寸有1366px×768px，1920px×1080px，1440px×900px，1024px×768px；常见的移动端尺寸有320px×50px和300px×250px。不同的平台和广告投放渠道对Banner的尺寸有不同的要求，因此在设计Banner广告时，需要了解不同平台的规定，确保Banner广告能够正确地显示。

知识点 2 Banner 的构图方式和配色技巧

在 Banner 设计中，构图方式和配色技巧决定了网页或 App 页面的呈现效果。用户在浏览网页或 App 时，不会特别仔细地阅读每一个文字，是否能获得好的营销效果，很大程度取决于 Banner 构图和颜色是否能吸引用户。

1. 构图方式

Banner 的构图方式比较简单，常见的有左字右图、左图右字、上下构图、左中右构图和文字主体构图等。

2. 色彩和色彩搭配

在 Banner 设计中，色彩是不可缺少的，并且色彩是最能直观传达情感的表现方式之一，既能突出设计重点，又能使整个画面和谐统一。下面将讲解三原色、色彩三要素和色彩搭配的相关知识。

（1）色彩三原色

在绘画中，品红、黄色和青色被称为三原色，因为它们不能由其他颜色混合产生，而其他颜色可以使用这三种颜色按照一定的比例混合而成，如图 3-1 所示。

图3-1

（2）色彩三要素

色彩三要素包括色相、饱和度和明度。色相可以简单理解为颜色的相貌，如红色、蓝色、绿色、紫色等。饱和度是指颜色的鲜艳程度。明度是指颜色的明暗程度。

（3）色彩搭配基础知识

色彩搭配是指将不同颜色的元素组合在一起，以达到某种视觉效果的过程。恰当的色彩搭配可以增强品牌形象，接下来就来介绍几种经典的色彩搭配原则。

① 单色搭配

单色搭配是指使用一个颜色，通过改变其饱和度或明度使它在同一颜色中产生不同的色彩变化。它的优点是不容易出错，缺点是比较单调，如图 3-2 所示。在学习颜色搭配的初期，可以从单色搭配开始尝试，然后逐渐加入更多的颜色。

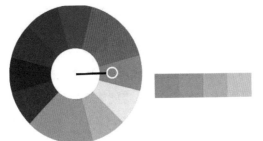 

图3-2

② 相似色搭配

相似色的配色方案使用色轮上彼此相邻的颜色，如图 3-3 所示。如果搭配得当，能够创造出宁静舒适的设计。相似色搭配在自然界中很常见，和谐悦目。选择相似色方案时要确保画面有足够的对比度。选择一种颜色来主导，另一种颜色来支持，第三种颜色（连同黑色、白色或灰色）则用作强调色。

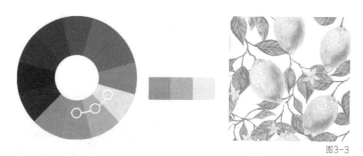

图3-3

③ 互补色搭配

互补色搭配是指使用彼此相对的颜色进行搭配使用，如图 3-4 所示，如蓝色和橙色、红色和绿色等。优点是会使画面比较丰富多彩，缺点是比较难搭配。

图3-4

④ 分裂色搭配

分裂色搭配是指使用相对颜色的两侧颜色进行搭配。它们在色轮上形成等腰三角形，如图 3-5 所示。如红色相对的颜色是深绿色，此时可使用深绿色左右两边的浅蓝色和浅绿色来跟红色进行搭配。这种搭配方式比互补色搭配的难度要低一些。

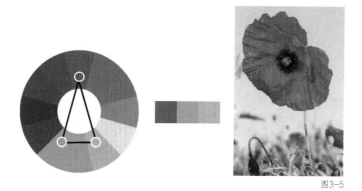

图3-5

⑤ 三元色搭配

三元色配色方案是使用在色轮周围均匀分布的颜色。无论使用浅色调或不饱和色调，三元色的表现往往都会非常生动。要使三元色和谐，在设计时应仔细平衡颜色——让一种颜色占主导地位，并使用其他两种颜色作为辅助，如图3-6所示。

图3-6

⑥ 四元色搭配

四色（双重互补）配色方案是所有方案中最丰富的，因为它使用排列成两对互补色，如图3-7所示。这种方案很难协调，需要一种颜色来主导或抑制颜色。如果所有4种颜色的使用量相等，则该方案可能看起来不平衡。

图3-7

⑦ 黑白

白色是全部可见光均匀混合而成的，称为全色光。黑色即无光，是无色的色，在生活中，只要光照弱或物体反射光的能力弱，都会呈现出相对黑色的面貌。黑白配，是最基础的搭配，能产生很好的视觉效果，给人一种成熟沉稳的感觉。

⑧ 主物体吸色

根据项目的创作主题方向进行联想，可以在相对应主题的优秀摄影作品、游戏场景、插画、室内设计等图片中吸取颜色。比如从浪漫的鲜花照片中吸取色彩来营造柔和、温馨、甜蜜的气氛，从火红喜庆的京剧场景中吸取颜色来烘托热闹、喜气、欢乐的气氛，如图3-8所示。

图3-8

知识点 3 Banner 的文字排版

文字排版在设计中具有重要作用，可以增强视觉效果，提升设计品质。Banner 的文字排版主要有横排文字、倾斜文字、左右角度、大小位移和多字组合等。

1. 横排文字

横排文字适用于简单的图文结合排版。要点是抓住关键词，做好信息层级的区分。这种方式较稳，表达清晰明了，如图 3-9 和图 3-10 所示。

图3-9

图3-10

2. 倾斜文字

倾斜文字整体呈直线或斜线倾斜，这种形式简单、整齐，并富有变化和动感，如图 3-11 和图 3-12 所示。

3. 左右角度

单个文字或左或右倾斜角度，可以增加画面的节奏感，如图 3-13 和图 3-14 所示。

音乐的狂欢

图3-11

图3-12

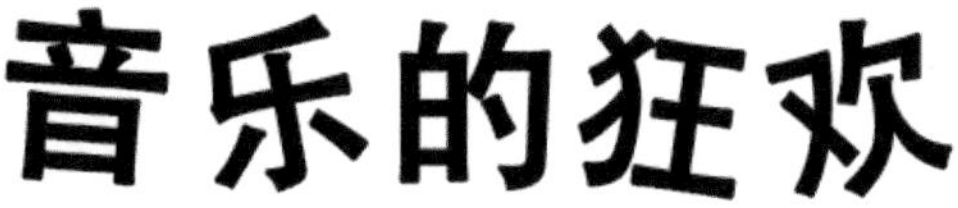

音乐的狂欢

图3-13

图3-14

4. 大小位移

这种排版方式可以通过文字的大小、位移的变化而突出重点，如图 3-15 所示。

音乐的狂欢

图3-15

5. 多字组合

多字的组合方式多样，可根据单字意思或者词组进行排列大小，如图 3-16 和图 3-17 所示。

图3-16

音乐的狂欢

图3-17

6. 多字组合加大小位移

多字组合加大小位移可以让文案避免死板，且突出主题，如图 3-18 和图 3-19 所示。

图3-18

图3-19

7. 扇形和透视

利用扇形排版和透视效果可以突出主文案和主要信息，烘托当前活动的气氛，如图 3-20 和图 3-21 所示。

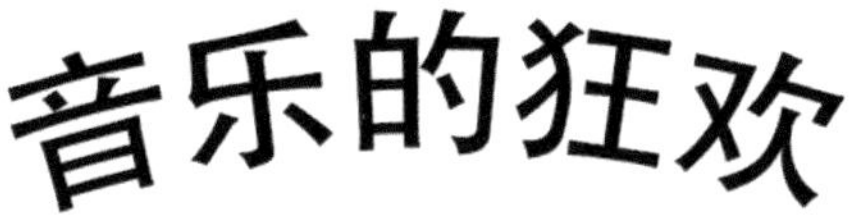

音乐的狂欢

图3-20

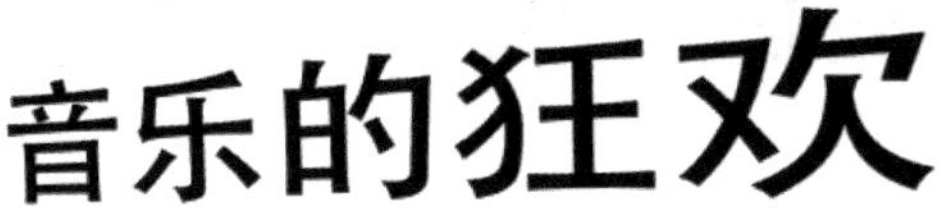

音乐的狂欢

图3-21

> **提示** 要实现文字的透视效果，需要先选中文字，执行"文字→创建轮廓"命令，或按住快捷键 Ctrl+Shift+O，将文字转换为轮廓，再用【自由变换工具】改变文字形状。

知识点 4 Illustrator 的图层

【图层】是 Illustrator 中的重要功能，设计师的绝大部分操作都是在图层中进行的。图层最大的作用就是将对象分离，让设计师可以对作品中单独或部分对象进行操作，同时不会改变其他对象。

1. 新建图层

执行"窗口→图层"命令，单击【图层】面板下方的【创建新图层】按钮，如图 3-22 所示，可以直接创建一个新的图层。按快捷键 Ctrl+L，也可以新建图层。单击【创建新子图层】，还可以为图层创建子图层。

使用【文字工具】【形状工具】等工具时，系统会自动新建图层。在下面的案例中，使用【文字工具】输入文字"Mountain"后，如图 3-23 所示。可以看到在

图3-22

图层面板中自动创建了一个文字图层，如图 3-24 所示。此外，使用移动工具，将素材直接复制到画面中，也将新建图层。

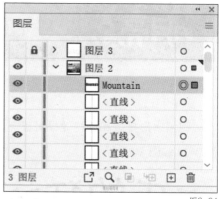

图3-23　　　　　　　　　　　　　　　　　　图3-24

2. 复制图层

想要复制图像，可以复制对应的图层。复制图层的方法是打开【图层】面板，要单独复制一个图层时，找到要复制的图层。例如，要复制如图 3-25 所示的马，单击马图层右侧的小圆圈，小圆圈右侧会出现一个红色小方块，画布中对应的形状四周也会出现控制节点，这就表示已经选中了这个图层，如图 3-26 所示。

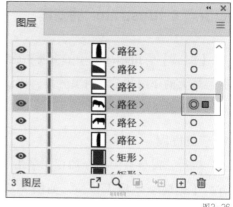

图3-25　　　　　　　　　　　　　　　　　　图3-26

按快捷键Ctrl+C进行复制，选择目标文档后，按快捷键Ctrl+V粘贴即可复制图层，如图 3-27 所示。

当需要复制连续的多个图层时，单击上层图形右侧的小圆圈，按住 Shift 键再单击最下层图形右侧的小圆圈，即可选中这两个图层及中间的所有图层，最后复制、粘贴即可，如图 3-28 所示。

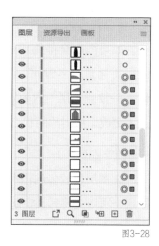

图3-27

图3-28

需要复制不连续的多个图层时，按住 Ctrl 键单击图形右侧的小圆圈，即可选择不连续的多个图层，最后复制、粘贴即可，如图 3-29 所示。

在使用【选择工具】的情况下，按住快捷键 Alt+ 鼠标左键，拖曳图像对图像进行复制，图层也将被复制。

3. 删除图层

对于错误、重复和多余的图层，可以在图层面板中将其删除。删除图层的方法有很多，在【图层】面板中选中需要删除的图层后，可以按 Delete 键或单击图层面板下方的【删除】按钮进行删除，如图 3-30 所示。还可以将图层拖曳到【图层】面板右下角的【删除】按钮上，然后松开鼠标左键。这些方法都很便捷，读者按照自身喜好操作即可。

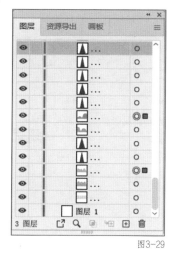

图3-29

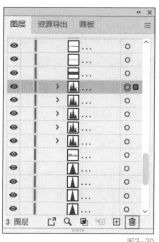

图3-30

4. 重命名图层

如果图层全部使用系统默认的名称，那么在图层很多的情况下，想要找到目标图层将耗费很多时间。因此，在进行图像处理或图像创作时，要养成良好的命名习惯——按照图层的内容对图层进行命名。重命名的方法是双击目标图层的名称区域，进入更改图层名称的状态，如图 3-31 所示，输入图层名称并按回车键即可。

5. 锁定图层

在图层比较多的情况下，对于一些已经调整好的图层，或一些暂时不需要改动的图层，可以先将其锁定起来，避免误操作。

锁定图层的第一种方法是选中图层后，在【图层】面板中单击"眼睛"图标右边的方框即可锁定图层，方框中将显示"锁定"图标。若需要解锁图层，单击对应图层上的"锁定"图标即可，如图 3-32 所示。

图3-31

图3-32

第二种方法是选中需要锁定的图层，执行"对象→锁定→所选对象"命令，如图 3-33 所示，即锁定该图层。按快捷键 Ctrl+Alt+2，就可以解锁图层。

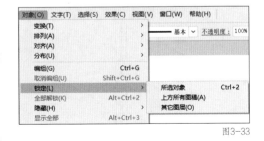

图3-33

6. 图层位置的调整

图层之间存在位置关系，下面将讲解 Illustrator 中图层关系的调整方法。

（1）图层的上下关系

图层的上下关系，也被称为层叠关系，体现在画面中就是在上方的图层会遮盖下方的图层。在【图层】面板中可以清晰地看出图层的上下关系，图 3-34 中各张图片对应图层的上下关系如图 3-35 所示。

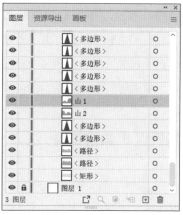

图3-34　　　　　　　　　　　　　　　　　　　　　　　图3-35

想改变图层的上下关系，可以直接在【图层】面板中拖动改变图层的位置。以图 3-34 和图 3-36 为例，想要将图"山 1"图层置于图"山 2"的上方，可在【图层】面板中将该图层拖到其上即可，效果如图 3-37 所示。

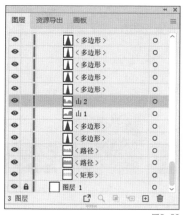

图3-36　　　　　　　　　　　　　　　　　　　　　　　图3-37

选中需要移动的图形，单击鼠标右键，展开"排列"选项，选择需要的操作效果，如图 3-38 所示，即可改变图层的上下关系。也可以使用快捷键 Ctrl+] 向上移动一层，使用快捷键 Ctrl+[向下移动一层，使用快捷键 Ctrl+Shfit+] 快速移动到顶层，使用快捷键 Ctrl+Shift+[是快速置于底层。

图3-38

（2）图层的对齐关系

图层除了具有上下关系外，还有对齐关系。图层的对齐是以图层中像素的边缘为基准的。执行"窗口→对齐"命令打开【对齐】面板，出现图层对齐的相关选项，如图3-39所示。选中对应的图层后，单击所需要的按钮，即可对齐。

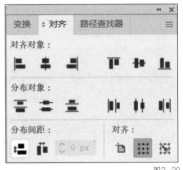

图3-39

知识点5 吸管工具

【吸管工具】位于工具栏，可以用来提取颜色，从对象或图像中选取颜色，并应用于其他对象，快捷键为I，如图3-40所示。

以一大一小两个矩形为例，大矩形有颜色，小矩形没有颜色，如图3-41所示，用【吸管工具】可以为小矩形填上相同的颜色。

在工具箱中选择【吸管工具】，吸取大矩形的颜色，小矩形即会填充上同样的样式；而选择【吸管工具】后按住Shift键后再吸取大矩形的蓝色，小矩形只会被填充蓝色，不会吸取完整的样式，如图3-42所示。

图3-40

图3-41　　　　　　　　　　　　　　　　　　图3-42

知识点6 外观

在Illustrator中，使用【外观】面板可以修改对象的效果，在同一形状中使用多个描边和填充，还可以改变效果的排列顺序。

1. 调整效果

在【外观】面板上双击投影效果后方的效果图标，打开对应的对话框，即可在其中调节效果的参数。单击外观面板左下方的【效果】按钮，即可为选中的对象添加新的效果。"外观"功能会改变图形的外观，不改变图形的根本形状。例如双击【投影】后方的效果图标，如图3-43所示，即可打开【投影】对话框，调节投影的效果，如图3-44所示。

图3-43

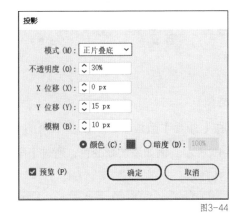

图3-44

2. 多重描边

在【外观】面板中，单击左下角的【添加新描边】按钮可以给路径添加新的描边，如图3-45所示。添加后的描边选项将会出现在面板中，如图3-46所示。

图3-45

图3-46

单击描边左侧的颜色按钮，可以在色板中修改描边颜色，还可以为描边继续添加效果，如图3-47所示。

再次单击【添加新描边】按钮，可以为对象添加多个描边，如图3-48所示。

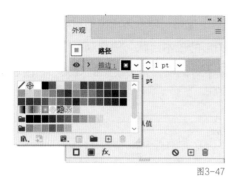

图3-47 图3-48

3. 填色

在【外观】面板中,单击左下角的【添加新填色】按钮可以添加新的填色,如图 3-49 所示。例如添加渐变色,通过【渐变】面板可以调整渐变的颜色,如图 3-50 和图 3-51 所示。

图3-49 图3-50 图3-51

【工作实施和交付】

理解客户的需求,根据要求的风格、元素、对象和发布平台进行设计,用恰当的工具构思、绘制、排版和输出,最终交付合格的设计。

分析需求,构思草图

首先思考哪些元素和音乐节有关并且能运用到画面中,例如,歌手、乐器、音符、装饰性的树叶等。构思好后,在纸上勾勒草图,将歌手作为画面的主体部分,各种乐器，如吉他、小号、钢琴等作为装饰部分，音符和树叶作为辅助要素，如图3-52所示。

图3-52

勾勒草图，出线稿

将绘制的草图拍照后上传至计算机，将电子版的草图用 Illustrator 打开，将其置于底层并锁定，避免后面勾勒草图时移动。用钢笔工具对画面中的元素进行勾勒，完成后的效果如图 3-53 所示。

图3-53

注意 勾勒图形的时候，线条要完全闭合，方便后续填色。

填色

创建一个 650px×340px 的画布，将线稿放置在画布上，将线稿中各元素进行调整，适应画布尺寸，然后对线稿进行填色。为契合广场的风格，配色方案以蓝绿色系为主色调，橙黄色系为装饰色，粉色系为辅助色。

填色时先填充画面主色调蓝绿色系。相同的颜色用【吸管工具】进行快速填充。将背景和右侧的音符铺满深绿色；将歌手头顶的头发、衣服，以及部分树叶填充为浅绿色；为飘散的头发和剩下的树叶填充一个介于浅绿色和深绿色之间的颜色，使颜色富有层次；将话筒、琴键、喇叭的阴影和吉他的指板部分填充为深蓝色，营造立体感；将萨克斯飘出的波浪面、上方的音符和手表填充为浅绿色，如图 3-54 所示。

图3-54

将键盘填充为橙红色，萨克斯的按键、阴影部分和笛管部分分别填充为不同的橙黄色，如图 3-55 所示。

图3-55

将歌手的皮肤填充为肉色，将腰带、喇叭和吉他填充为不同的粉色，使色彩具有对比性，如图3-56所示。

图3-56

调整植物叶脉的颜色为白色和墨绿色，琴弦和表盘描边为较浅的蓝色和墨绿色，用小短线进行装饰，增加肌理感，丰富画面。这样主视图部分就完成了，效果如图3-57所示。

图3-57

设计文字

运用钢笔造字法进行文字设计，制作符合画面风格的文字。首先在纸稿上画出草图，如图3-58所示。

拍照后上传至计算机，在 Illustrator 中使用钢笔工具勾线。设置【描边】面

图3-58

板中的端点为"圆头端点",边角为"圆头连接",如图 3-59 所示。

图3-59

进行排版

将主题文字和活动信息进行排版,采用左中右构图,将客户提供的活动关键信息放到 Banner 中,然后修改文字属性。

先给文字添加一个深蓝色的描边,对文字进行原位粘贴,并使将原位粘贴的文字设置为黄色,描边大小调整的细一些,端点使用"平头端点",边角使用"圆角连接",对齐描边使用"使描边居中对齐",如图 3-60 所示。

图3-60

为了使活动信息文字的色调与主视图色调统一,选用深绿色作为活动信息文字的颜色。为使画面平衡,将"点击购票"文字和时间地点的信息分别放在主题文字的左下方和右上方,并设置好字体和颜色。为"点击购票"文字做出按钮的效果,创建一个圆角矩形放在"单击购票"文字的下方,最终效果如图 3-61 所示。

图3-61

> **提示** 根据应用的场景，制作各种不同尺寸的图片。在调整尺寸时，描边字体在放大或者缩小的时候，粗细会产生变化，这时就需要对描边大小做出相应的调整。

设计完成后，将效果图导出为 JPG 格式，将最终效果的 JPG 格式文件和 AI 格式工程文件按照要求格式命名，放到一个文件夹中，将文件夹提交给客户，如图 3-62所示。

YYY_音乐节设计
_20230323

YYY_音乐节设计
_20230323

YYY_音乐节设计
_20230323

图3-62

【作业】

　　某某童书作家要开一场线下新书签售会，需要在线上做宣传。新书的名字为《动物派对》，内容是关于一群小动物的寻爱之旅，这是一个温暖、动人的故事。签售会的承办方需要你来为这个签售会设计一个 Banner，希望能吸引家长带着孩子前来参加。设计完成后将最终的方案发给各方确认。确认无误后，将会发布在线上平台。

　　项目名称： 某某签售会 Banner 设计。

　　项目资料

　　主题：动物派对。

　　人物：某某童书作家。

　　标语：Read for fun。

　　时间：2023.6.1　14:00。

　　地点：某某文化中心。

　　项目要求

　　（1）画面要突出图书"动物"的主题及"寻爱"的特点。

　　（2）受众群体大多为儿童和家长，风格要可爱，充满童趣。

　　（3）主题醒目，时间和地点明确。

　　（4）Banner 使用场景包含线上与线下，需要后期需多种尺寸，因此画面整体设计要易于调整尺寸。

　　项目文件制作要求

　　（1）文件夹命名为"YYY_某签售会 Banner 设计 _ 日期（YYY 代表你的姓名，日期要包含年月日）"。

　　（2）此文件夹包括最终效果的 JPG 格式文件和 AI 格式工程文件。

　　（3）尺寸为 650px×340px，颜色模式为 RGB，分辨率为 300ppi。

　　完成时间： 2 天。

【作业评价】

序号	评测内容	评分标准	分值	自评	互评	师评	综合得分
01	画面构思	画面元素是否丰富； 画面元素是否符合主题	15				
02	草图勾勒	线条是否过渡流畅； 线条是否完全闭合	20				
03	颜色填充	配色是否和谐； 配色是否有对比度； 画面是否有立体感	15				
04	文字设计	文字是否符合画面主题； 文字是否与画面色调是否协调统一； 文字是否美观	20				
05	排版设计	画面是否和谐美观； 画面是否突出主题	30				

综合得分 =（自评 + 互评 + 师评）/3

项目 目 4

App引导页设计

App引导页是指用户第一次打开应用程序时看到的页面，页面内容通常是介绍App的主要功能、优势和使用方法，帮助用户更快地上手应用程序。App引导页的应用场景非常广泛，几乎所有的App都可以采用这种方式来引导新用户。

本项目将带领读者从设计师的角度完成一个从获得需求、分析需求、构思设计方案到在软件中进行App引导页设计的完整工作流程，掌握App引导页的设计方法。

【学习目标】

通过对引导页、手机屏幕、数字绘画等基础知识的讲解，运用蒙版功能，让读者掌握使用 Illustrator 进行引导页设计的方法。

【学习场景描述】

"声动书阅"是一个新兴的**有声书 App**，它将文字、音乐、声音等元素融为一体，为用户提供生动、有趣、轻松的阅读体验。界面主题色为淡紫色，可吸引一众女性用户。该 App 离线阅读，方便。该 App 即将在各大应用市场上线，为了提高用户留存率、转化率，提升用户满意度和品牌影响力，该款 App 的负责人计划为其添加一个精美的 **App 引导页**，以增强 App 对用户的视觉吸引力。因此相关负责人联系你，需要你来为该 App 设计一个引导页。最终的设计方案需要给相关负责人确认，各方确认无误后，将作为引导页放到 App 中。

【任务书】

项目名称：有声书 App 引导页设计。

设计资料：听书、评论、发现更多你感兴趣的内容。

项目要求

（1）引导页设计应该简洁、明确、易于理解，并且与 App 的整体风格和品牌形象一致。

（2）引导页的配色方案需要清新、柔和，符合 App 界面的主题色，符合阅读的氛围和体验。

（3）引导页需要有相应的标题、文本、图像等元素，并调整大小突出阅读重点，以传达应用程序的主要功能和特点。

（4）引导页界面应有引导用户完成登录操作的功能。

（5）引导页的整体设计要符合 App 的特点和尺寸。

项目文件制作要求

（1）文件夹命名为"YYY_App 引导页设计 _ 日期（YYY 代表你的姓名，日期要包含年月日）"。

（2）此文件夹包括最终效果的 JPG 格式文件和 AI 格式工程文件。

（3）尺寸为 750px×1334px，颜色模式为 RGB，分辨率为 300ppi。

完成时间： 3 小时。

【任务拆解】

1. 分析客户需求并制定设计方案。

2. 绘制背景。

（1）使用【矩形工具】绘制背景色块。

（2）使用【钢笔工具】绘制树干和树叶。

（3）使用【钢笔工具】绘制弧线，丰富背景。

3. 使用【钢笔工具】绘制人物。

4. 使用波纹效果绘制弧形形状，丰富背景。

5. 绘制前景画面的波浪形状和树叶细节。

6. 使用【文字工具】输入文案。

【工作准备】

在进行本项目前，需要巩固以下知识点。

1. 引导页相关知识。

2. 造型。

3. 构图。

4. 透视。

如果已经掌握相关知识可跳过这部分，开始工作实施。

知识点 1 引导页

引导页是一种帮助用户更好地理解产品或服务，引导用户完成特定操作或流程的页面，如图 4-1 所示。引导页通常包含文字、图片、动画和视频等元素，可以通过弹出框、悬浮提示、嵌入式引导、导航栏引导等多种方式展示给用户。为了达到这个目的，引导页应该简洁明了，突出重点，尽可能减少文字量，多采用图片、动画或视频等多媒体元素来吸引用户的注意力，并与应用或网站的整体风格一致，以便给用户一个连贯的体验。

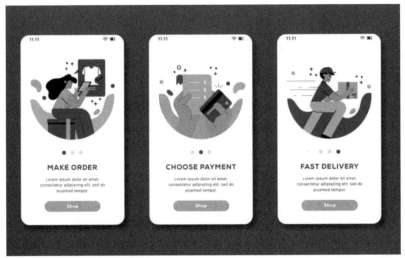

图4-1

1. 引导页的尺寸选择

由于不同手机品牌和型号的分辨率各不相同，要保证App引导页在不同设备上显示的效果一致。因此，引导页的尺寸应该具备兼容多种设备的特点，以确保引导页能够在不同设备上呈现出最佳的效果，给用户更好的使用体验。

2. 使用引导页的优势

提升用户体验：引导页可以向用户提供更好的导航和操作指导，帮助用户更轻松地使用产品或服务，提高用户的满意度和忠诚度。

提高转化率：引导页可以引导用户完成特定的操作或流程，例如注册、购买等，从而提高转化率和销售额。

提升品牌形象：引导页可以体现产品或服务的专业性和可信度，从而提升品牌形象和品牌价值。

3. 引导页的表现方式

在设计引导页时，引导页表现方式是很重要的考虑因素。接下来介绍几种不同表现方式的引导页类型。

（1）图标与重点文字相结合

这种类型使用了交互按钮，结构分为上中下3部分。上面是图标，中间是说明文字或重点广告词，下面是过渡按钮。简约的设计在视觉上很直观，同时还能突出重点。

（2）文字与 App UI 立体组合

这种 App 引导页面表现方式是最常见的，它简短明了，将文字和该功能的界面结合起来，主要适用于功能介绍和使用说明。这种方式能够直接传达产品的主要功能，但缺点在于过于模式化，显得千篇一律。

（3）文案与插图组合的表现方式

将文字与插图结合使用也是常见的引导页的表现方式之一。在设计中，通常使用卡通人物、场景、照片或大背景等具象图像来表现文字内容。这样的设计可以带来强烈的视觉冲击，同时也能够突出重点。

（4）与音乐、视频融合的动态表现方式

除了之前的静态展示方式，引导页还可以采用一些优美的动画效果，比如页面间切换的方式、当前页面的动态效果展示等。此外，还可以加入音乐、微视频等元素，让用户在感官上得到更丰富的体验。

知识点 2 造型

造型是绘画中的基础。以人像为例，通常人们说把人物画得很像，其实是指画面抓住了属于这个人物的独有特征。在学习插画绘制的初期，可以通过多看高质量的插画作品，并临摹自己喜欢的插画作品来提升自己的造型能力，如图 4-2 所示。

图4-2

　　在临摹插画的同时，还需要学习优秀作品中的构图和色彩搭配，并且要逐渐尝试去改变，从完全临摹到逐渐加入自己喜欢的色彩、元素和造型，最终找到属于自己的风格。平时不仅要多练习画画，还需要收集和整理素材，学习更多的表现形式。如图4-3所示，同一个物体从不同的角度去看，它的表现形式是不同的。

图4-3

　　了解了如何训练造型能力以后，可以给自己准备一个小本子和一支笔，用简单的线条来记录生活中发生的一切，然后逐渐加入主题，有目的性地去制作，试着去发散思维、构造联想，如图4-4所示。

图4-4

在绘画初期不需要给自己设定太多的限制，因为想要画得好，需要大量的时间投入，可以先从自己感兴趣的事物入手，每天坚持不懈地练习。坚持练习，造型能力才会变得越来越强。

知识点 3 构图

在绘画中，构图是指根据主题思想和题材，将要表现的形象进行合理布局，以形成完整的画面。构图的主要目的是让画面具有整体感和平衡感，从而突出重点，使各元素之间能够相互呼应。

常见的构图形式包括横向分割式构图和纵向分割式构图。这两种构图形式将画面分为上下或左右两部分，其中一部分是画面的主体，而另一部分则是画面的陪衬，如图 4-5 所示。

图4-5

如图 4-6 所示，九宫格式构图是将画面横向和纵向等分为三行和三列，然后将主体放在这些交叉点上。这种构图方式符合人们的视觉习惯。

三分式构图是一种常见的构图方式，如图 4-7 所示，它将画面分为三等份，每一份都是画面中的主体。这种构图方式适合展现元素较多的画面，可以让画面更加饱满。

图4-6

图4-7

  对角线构图是指画面的左上、右下或右上、左下两点连线形成的一条直线。这种构图方式可以引导观众的视线，让画面更加平衡、舒适，如图4-8所示。

  S形构图通过将画面元素呈S形摆放，创造出一种自由、灵动的视觉效果。这种构图方式能够为画面注入一些动感和活力，同时也能够引导观众的目光，让他们更加自然地、流畅地浏览画面。S形构图不仅仅是将元素随意地摆放而已，相反，它需要有一定的构图思想。通过恰当地安排画面元素的大小、形状、颜色、位置等要素，才能够创造出一个优美的S形构图，如图4-9所示。

图4-8

图4-9

斜三角式构图是一种画面构图方法，通过连接画面上的 3 个视觉中心点，形成一个斜三角形。这种构图方式可以使画面更加生动、丰富，如图 4-10 所示。

使用对称式构图可以使画面看起来更加平衡和稳定，适用于不需要突出特定物体的作品，如图 4-11 所示。

图4-10

图4-11

知识点 4 透视

透视是指在平面上描绘物体的空间关系。

一点透视是指由于物体近大远小，物体的延长线最终会消失在一个点上，如图 4-12 所示。

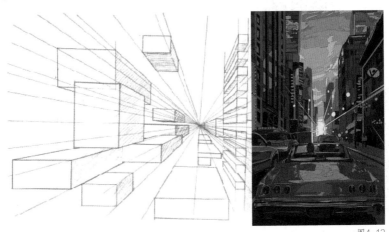

图4-12

两点透视是因为物体近大远小，所以物体的延长线最终会在两个点上相交消失，如图4-13所示。在进行两点透视时，不仅需要考虑物体的近大远小，还需要考虑物体在水平方向上的位置关系。

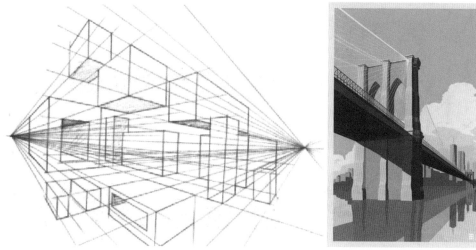

图4-13

三点透视指的是物体的延长线最终会汇聚到三个点上，如图4-14所示。在使用三点透视时，不仅需要考虑物体的远近、左右关系，还需要考虑上下关系。使用三点透视对造型能力要求较高，通常适用于展现大场景或具有强烈沉浸感的画面。

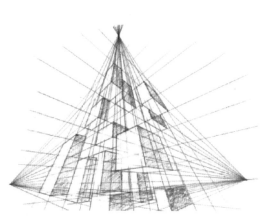

图4-14

在画面构图中，有一种叫作无透视的方式，其特点是画面中的透视关系不明显。这种透视方式在互联网插图中比较常见，通常被用来表现简单的平面化场景或情境，如图4-15所示。

颜色透视是指通过颜色来营造透视的关系，如图4-16所示。一般来说，近处颜色深，远处颜色浅；近处细节多，远处细节少。

图4-15

图4-16

当我们站在平地上时，我们所看到的地平线是地面和天空相交的那条线。与之不同的是，视平线是指我们双眼平视时所在的水平线。需要注意的是，虽然在绘画作品中常常会将视平线和地平线重叠在一起使用，但它们并不是同一条线，如图4-17所示。

同一物体在不同的观察角度下，其形态是不同的，如图4-18所示，因此在绘画时，不要固定思维，要尝试从不同的角度进行想象。

隐形透视是指物体在不同距离上的模糊程度，如图4-19所示。绘画理论中常说的"近实远虚"就可以理解为隐形透视。

图4-17

图4-18

图4-19

【工作实施和交付】

首先要理解和分析客户的需求，根据客户要求的引导页效果、风格、应用环境，用恰当的工具进行引导页设计，最终交付合格的方案。

分析客户需求，制定设计方案

客户对引导页的要求是，通过简洁明了的设计和通俗易懂的文案，提炼出产品的特色功能，并且把产品信息传递给用户；引导页的画面效果要吸引人，让用户对产品产生好感；引导页要跟产品的风格一致。

根据客户的项目要求以及客户提供的资料，在设定引导页色调的时候，可以采用紫色作为背景色，并且用相近色进行搭配，营造出沉浸式阅读的效果。在画面构思上，设定画面中心有一个人物在阅读。因为用户停留在引导页的时间比较短，所以文案尽可能精炼易懂，让信息之间有大小对比，以此来突出核心内容。

绘制背景

首先给引导页绘制背景，确定整个页面的场景框架和色调。为了对应"沉浸"关键词和紫色的主题色，可以把整个场景搭建成一个紫色的森林，以波浪线作为装饰，让"声音"具象化。

绘制背景色块

接下来就在 Illustrator 中进行具体的操作。

因为引导页应用在手机 App 上，所以要选择适合手机屏幕尺寸的画布。在新建画布时，选择移动设备中 750px × 1334px 的尺寸。

使用【矩形工具】绘制一个无描边的矩形，并且将这个矩形的填充颜色设为从左到右、从深到浅的渐变紫色。再绘制另外一个矩形作为森林的地面，改变该矩形的填充色渐变色，以此区分背景和地面，搭建整体画面，如图 4-20 所示。

图4-20

绘制树干和树叶

接下来，在背景上绘制树干和树叶来代表森林。用【钢笔工具】绘制粗细不同的、有弧度的树干，利用锚点调整方向线，让树干的弯曲程度更加自然。

光影效果可以增加画面的丰富程度，所以给树干设置填充色为从左到右、从紫到黄，这样就有阳光照射过来的效果。森林作为背景，在画面中没有那么强的存在感，所以降低"树干"的不透明度，效果如图 4-21 所示。

> 提示 按住 Alt 键去单击锚点，可以减掉一侧的方向线；按住 Alt 键也可以拖曳出方向线，以此调整弧线的弧度。

在绘制树叶时要分别绘制出树叶轮廓和叶脉细节。用【椭圆工具】绘制一个椭圆，利用【钢笔工具】和 Alt 键给叶片上下顶端添加锚点，使椭圆上下两端变尖，如图 4-22 所示。

使用【直接选择工具】框选中间两个锚点并向上移动，使该椭圆形成上宽下窄的叶片形状，如图 4-23 所示。

图4-21 图4-22 图4-23

使用【直线段工具】绘制出树叶的叶脉，通过"扩展"功能将叶脉的路径转换为图形。调整"叶脉"图形到叶片上适当的位置后，框选叶子的所有图形并进行"减去顶层"操作，如图 4-24 和图 4-25 所示。

利用【渐变工具】，使叶片的填充颜色为由上到下、由深到浅的过渡，最后适当调整叶片形状和不透明度，如图 4-26 所示。

图4-24   图4-25   图4-26

接下来，就可以根据叶片的生长规律和位置，通过复制叶子形状与树干做结合来丰富场景背景。为了使树叶之间有颜色过渡，可以适当对叶片的填充色做同色系调整，如图 4-27 所示。

提示 在调整颜色的时候，可以在颜色面板上的右上角选择HSB颜色。H是色相，S是饱和度，B是明度。在这种模式下，可以做到在保持饱和度和明度不变的情况下，移动H滑块来改变色相。

在给不同的树添加树叶时，通过调整叶片的渐变颜色和不透明度来实现树叶颜色强弱的对比，如图 4-28 所示。

图4-27   图4-28

注意 注意要先将颜色模式调整回RGB模式，再修改渐变颜色。

绘制弧线，丰富背景

接下来，为了丰富画面效果，展现出声音的流动感，可以绘制出一些曲线，并用小树叶加以装饰。使用【钢笔工具】在画面上方绘制曲线，利用互换功能 ↰，将填充颜色与描边颜色互换，丰富画面色彩，如图 4-29 所示。

图4-29

绘制人物

人物作为整个界面需要突出的要素，可以选择"反白"处理，蓝色为人物元素的主色调，因为蓝色与紫色是相近色，所以整体效果比较协调，白色的人物也让用户在快速浏览引导页时有视觉重点。

根据构图的原则，首先需要确定人物所占位置最高点和最低点的位置比例，通过搭建水平参考线来确定人物位置，如图 4-30 所示。

为了避免误操作到背景上的元素，需要先锁定背景图层，并新建一个空白的图层来绘制人物。在绘制人物时，先用【钢笔工具】绘制人物的侧面轮廓，之后使用【直接选择工具】进行局部调整，如图 4-31 所示。

图4-30

图4-31

接着绘制人物的头发轮廓，绘制好后填充头发的图形为蓝色，如图4-32所示。

利用这个方法继续绘制人物的其他部分。其中在绘制人物腿部的时候，使用【矩形工具】绘制矩形，调整矩形角的弧度为圆角。再用钢笔工具绘制小腿，最后将两部分图形合并，填充的颜色渐变调整为从上到下、从浅到深。填充后侧的腿部图形颜色时，要注意颜色略深于前侧腿的颜色，并且后侧腿的图形要排列到底层，以此来突出腿的前后关系，如图4-33所示。

图4-32

图4-33

使用【钢笔工具】绘制白色的手臂时，也需要调整图形的排列顺序和后侧手臂的阴影色，以此区分手臂的前后关系，如图4-34所示。

计算机和凳子的绘制也用到【矩形工具】，结合【直接选择工具】，使矩形倾斜。再添加一个脚在地上的投影，提升画面的立体感。在适当的位置绘制矩形，填充一个由实色到透明的颜色渐变。最后隐藏参考线，这样人物就绘制完成了，如图4-35所示。

图4-34

图4-35

绘制波浪形状丰富背景

在背景上填充一些波浪形状的紫色色块，既与波浪线条相呼应，也能丰富页面。解锁图层1，在图层1上添加波浪形状。先绘制一条水平直线段，利用"波纹效果"来制作波浪的弧形线，通过调整"大小""每段的隆起数"和"点"属性，将直线调整为大波浪的圆滑曲线，并对其"扩展外观"，如图4-36和图4-37所示。

图4-36

在波浪线的基础上，使用【钢笔工具】沿背景矩形轮廓绘制一个闭合图形，并填充紫色渐变色，如图4-38所示。

图4-37

图4-38

绘制前景画面

用同样的方法，新建图层来制作画面中前景部分的一些波浪图形，让画面呈现近大远小的立体效果，如图4-39所示。

在波浪图形上绘制另一种形状的树叶，与左上角的树叶对称。调整树叶的图层位

图4-39

置，到深色色块下，做出立体的遮挡效果，如图 4-40 所示。

提示 如果需要让图形沿一个点进行旋转复制，可以按住 Alt 键单击旋转点，打开【旋转】对话框，调整角度，再执行"对象-变换-再次变换"命令（快捷键是 Ctrl+D）来达到想要的效果。

最后分别在右下角深色色块和左侧画面边缘添加叶子作为装饰，如图 4-41 所示。

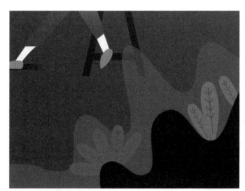

图4-40

图4-41

添加文案

新建一个图层作为文字图层，插入需要添加的文字并调整文字的字体、字号和颜色。将文字放置在画布居中的位置，这样用户在浏览时能快速阅读到关键文案。

最后，绘制登录按钮并在图形上添加文字，这样引导页就完成了，如图 4-42 所示。

设计完成后，将效果图导出为 JPG 格式，将最终效果的 JPG 格式文件和 AI 格式工程文件按照要求格式命名，放到一个文件夹，将文件夹提交给客户，如图 4-43 所示。

图4-42

YYY_App引 导页设计效果 图_日期　　YYY_App引 导页最终文件 _日期　　YYY_App引导页 设计_日期

图4-43

【拓展知识】

知识点 Illustrator 的蒙版

蒙版的作用是显示和隐藏图形的某一部分。

创建蒙版主要有 3 种方法：内部绘图、剪切蒙版和不透明度蒙版。

1. 内部绘图

在绘制图形后，单击工具箱中的内部绘图按钮，再在图形内部绘制图形，此时延伸至图形外部的元素将被遮挡，如图 4-44 所示。

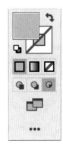  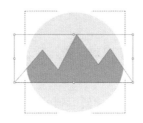 

图4-44

2. 剪切蒙版

绘制好图形后，将作为外轮廓的图形置于顶部，选中该图形，单击鼠标右键执行"建立剪切蒙版"命令，即可将位于下层的图形置入该图形内部，如图 4-45 所示。

> 提示　有别于在Photoshop中创建剪切蒙版，在Illustrator中创建剪切蒙版，位于上方的图形起裁剪作用。

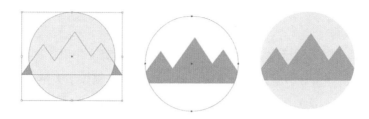

图4-45

3. 不透明蒙版

不透明蒙版与 Photoshop 中的蒙版类似，白色表示显示，黑色表示隐藏。

在制作蒙版效果前，需要准备两个元素，一是想要显示的对象，二是准备用于蒙版的对象。准备好后将用作蒙版的对象覆盖到想要显示的对象上方。打开【透明度】面板，勾选"剪切"选项，即可实现蒙版效果，如图 4-46 所示。

图4-46

不透明蒙版的优点是不仅能显示和隐藏对象，还能产生过渡效果。

【作业】

"跑 Cool"是一款**全新的运动健身 App**。其能准确定位并记录每次的跑步路线、跑步时长，提供并引导科学的跑步方法。同时该 App 中提供了大量运动音乐，给跑步者提供"动力"。这款 App 在新版本中新增了"好友跑步"这一功能，能将 App 上的跑步信息同步到各大主流社交平台，与好友进行组团、比赛，也能实时寻找共同使用这款 App 的跑友。该 App 计划在更新功能的同时，也更新引导页的内容，让新老用户都能第一时间了解最新的更新功能。相关负责人需要你来为该 App 设计一个引导页，展现其更新功能的特色。最终的设计方案需要给相关负责人确认，各方确认无误后，将作为引导页放到 App 中。

项目名称：跑步 App 引导页设计。

项目素材：共同奔跑，好友将和你一起奔跑不息，也能一较高下。

项目要求

（1）引导页需要明确展示 App 的主要功能，让新用户能够快速理解核心功能和优点。

（2）引导页应突出展现更新功能，让新老用户第一时间了解更新内容。

（3）引导页的内容应该简洁明了，通过简单的文字、图标、图片等方式向用户介绍功能特点，同时色彩搭配有活力，符合运动类 App 的特点。

（4）引导页需要明确向用户传达下一步操作，如单击"开始使用"或"立即进入"等按钮，进入应用程序界面。

（5）引导页的整体设计要符合 App 的特点和尺寸。

项目文件制作要求

（1）文件夹命名为"YYY_运动 App 引导页设计_日期（YYY 代表你的姓名，日期要包含年月日）"。

（2）此文件夹包括最终效果的 JPG 格式文件和 AI 格式工程文件。

（3）尺寸为 1080px×1920px，颜色模式为 RGB，分辨率为 300ppi。

完成时间：3 小时。

【作业评价】

序号	评测内容	评分标准	分值	自评	互评	师评	综合得分
01	界面设计	引导页的整体设计是否美观； 色彩搭配是否合理； 页面排版是否整洁清晰	20				
02	文字说明	引导页上的文字说明是否准确、清晰易懂； 是否有错别字、语法错误等	20				
03	引导效果	引导页是否有效地引导用户了解和使用 App 的基本功能； 是否能够激发用户的兴趣和好奇心	20				
04	用户体验	引导页的交互体验是否顺畅自然； 用户在使用过程中是否有困惑或不适感受	20				
05	完整度和全面性	引导页是否全面涵盖了 App 的主要功能和特点； 是否为用户提供了全面的信息和引导	20				

综合得分＝（自评＋互评＋师评）/3

项 目 ⑤

海报设计

海报通常用于宣传、广告和展览，目的是引起人们的兴趣，促进销售、推广或传达某种信息。海报设计需要考虑设计元素的布局、色彩搭配、字体选择等因素，以达到最佳的视觉效果。

本项目将带领读者，从设计师的角度完成从获得需求，分析需求，构思设计方案到在软件中进行海报设计的完整流程，掌握海报设计的方法。

【学习目标】

了解海报的概念、海报设计的目的、工作流程，运用版式设计的基本原则、海报的字体选择等知识，使用文字的属性设置和混合工具，掌握使用 Illustrator 进行海报设计的方法。

【学习场景描述】

某市为迎接**端午节**到来，弘扬传统节日及民俗文化，丰富市民朋友的精神文化生活，于农历五月初五当日，分别在新华街道综合文化站、新华中学、新华广场开展迎端午包粽子活动。为了吸引广大市民前来参与，活动负责人需要你制作一张**节日宣传海报**，并将最终的设计方案发给客户确认。各方确认无误后，将会在线下张贴。

【任务书】

项目名称：端午节节日海报设计。

设计资料

相约端午节

五月五

让我们乘着仲夏的柔风

用一片绿叶，一缕清香，一根草绳

裹住传承千年的味道

裹住对未来美好生活的向往

在新华街道综合文化站、新华中学、新华广场

等你一起包粽子

活动时间：6 月 22 日 11:00-14:00

项目要求

（1）充分挖掘"粽子节"相关知识及传统元素，运用于海报设计。

（2）准确传达活动的时间、地点、参与方式，并予以突出显示。

（3）受众群体为全体市民，设计风格要老少皆宜。

（4）呈现形式为线下传播，因此画面整体设计要符合线下张贴尺寸。

项目文件制作要求

（1）文件夹命名为"YYY_节日海报设计_日期（YYY代表你的姓名，日期要包含年月日）"。

（2）此文件夹包括素材（包含所有参考图片）、方案（包含工作过程中使用到的文件，以及方案文件）和制作文件（包含所有的最终文件）。

（3）尺寸为285mm×420mm，分辨率为300dpi，颜色模式为RGB。

（4）完成时间：2天。

【 任务拆解 】

1. 分析需求，制定设计方案。

2. 形成设计思路，绘制草图。

3. 绘制背景。

4. 设计标题文字。

5. 丰富画面元素。

6. 添加活动信息。

7. 提升画面质感。

8. 作品包装和呈现。

【 工作准备 】

在进行本项目前，需要巩固以下知识点。

1. 认识海报设计。

2. 版式设计的基本原则。

3. 海报的字体选择。

4. 文字的属性设置。

如果已经掌握相关知识可跳过这部分，开始工作实施。

知识点 1 认识海报

作为一种广告语言和信息载体，海报通过精炼的文字清晰表达观众所需要的信息，配合新颖美观的形式进入人们的生活当中，努力使观众记忆深刻。最初海报主要以印刷的形式出现，随着科技和互联网的不断发展，海报的表现形式和创作手法不断创新，以前张贴在大街小巷的海报，现在还会以电子的形式出现在人们的手机和计算机屏幕上。

1. 设计目的

海报的设计目的是吸引人们的注意力，传达特定的信息和宣传内容，引起观众的兴趣，树立品牌形象和促进销售等。

2. 工作流程

海报设计的工作流程大致分为：确立设计内容、设计前的准备，以及制作和投放。

（1）确立设计内容

当我们接到设计任务后，首先要确定海报的内容，因为海报的内容和用途分很多种，如品牌宣传、产品宣传、服务宣传、活动展会、电影宣传和公益活动等，不同的用途在一定程度上决定了设计的方向。并且要充分了解自己的创作对象，例如做品牌海报，可以跟负责人多沟通，了解品牌的理念。

海报的目标受众很大程度上取决于客户的产品或内容。当然，有时候不能只看表面受众，还要挖掘深层需求。例如儿童玩具和儿童服装，使用者都是儿童，但海报的设计风格却迥然不同。儿童通常会主动要求父母购买玩具，所以玩具海报设计要具有童趣感，能够吸引儿童注意。童装通常是父母主动购买，所以童装海报常采用小模特展示服装的设计手法，以此吸引父母的目光。

有时候客户对于海报的尺寸没有概念，这就需要设计师给出合理的尺寸建议。比如，如果海报贴在办公室内，那么 A2 规格就可以，因为用户在近距离内就能看到。如果贴在室外，那么 A1 或更大尺寸会比较合适，因为尺寸太小，不会引起注意。如果是在移动端使用，那么就考虑主流屏幕的尺寸。有了尺寸，就能决定海报设计中的文字大小和二维码的位置等。同时还得考虑海报的张贴环境，如果是贴在一面黑墙上，那么我们就要避免使用黑色的背景。海报的投放时间如果是在炎炎夏日，那么我们就避免使用红色。如果海报使用周期短，那么我们可以考虑采用经济实惠的纸材质。如果海报使用周期长，则可以考虑经久耐用的 KT 板。

> **提示** KT板是一种由PS颗粒经过发泡生成板芯，经过表面覆膜压合而成的新型材料，板体挺括、轻盈、不易变质、易于加工。

（2）设计前的准备工作

设计内容确定后，需要结合客户需求，制定出设计思路。设计思路是指确定设计主题和作品创意，主题对海报中的元素运用和表现起着决定作用，创意是外在表现形式，即运用独特的艺术手法，创作出新颖的画面，打动观众。

设计思路不是凭空出现的，我们需要先看同类型海报的设计方式，对此有一个大概的认知，分析同类型海报的常用风格和表现形式，找出共同点来参考和借鉴。然后可以去参考其他优秀作品，以此发散思维来找到创意点。

有了设计风格、主题和想法，就可以去搜集相关的素材了，例如设计制作过程中用到的图片，用来修饰画面的底纹和元素等。素材收集得越充分，制作时发挥的空间也越大。

（3）制作

在执行之前我们可以把想法简单地画在纸面上，在制作的过程中就能缩小偏差。现在万事俱备，可以打开软件进行制作工作了。根据设计思路，使用图片、文字、颜色、构图等各种手段来实现海报的最终画面。

完成海报设计的初稿后，还需要进行反复的修改，检查有没有漏掉关键信息，有没有错字和漏字，细节设计是否到位，是否还有其他可以优化的地方等。将方案交给客户后，客户会提出自己的想法和观点，接着设计师需跟客户沟通修改方案，明确修改方案后，继续修改第二稿，直到客户满意。

（4）投放

完稿之后，海报设计的工作就结束了。投放一般交由客户负责。其实我们可以在海报投放后去看一下效果。如果是户外海报，则去现场看看实际效果，听听周围人的意见，这样有助于我们改进工作。

> **注意** 制作海报时应留出一定的边距，以便于裁剪和装裱。同时，还要考虑海报的分辨率，通常建议使用300dpi以上的分辨率来保证海报的清晰度。

知识点 2 版式设计的基本原则

做版式设计的时候需要遵循版式 4 个基本原则，分别是对齐、对比、亲密和重复。接下来就对这四个基本原则分别进行讲解。

1. 亲密

亲密指的是将彼此相关联的内容，在物理位置上更靠近，使单一的对象组成为一个群体，这有助于组织信息，减少混乱，为读者提供清晰的结构。在生活中也经常能看到利用亲密原则提高效率的做法，超市中的商品就是将相同属性的商品放置在同一个区域，方便客户挑选，如图 5-1 和图 5-2 所示。

图5-1

图5-2

新手设计师经常会将文字、图片和图形随意乱摆，版面没有留白，这样的排版杂乱无章，读者无法快速看到自己需要的信息。亲密原则在文字排版中的主要作用是让信息分组呈现，使页面变得更有条理。如图 5-3 所示，每行文字都凑在一起，无法看出文字之间的关系，可读性差。

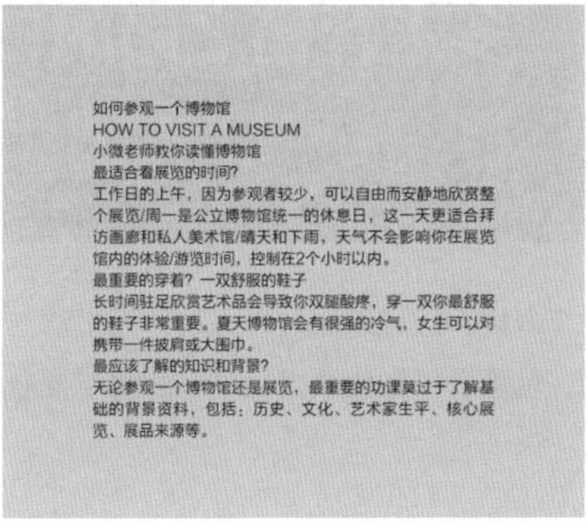

图5-3

根据亲密原则将文字重新分组、设置字号，形成视觉单元，按照标题级别与正文不同的亲疏关系，设置和正文不同的距离，就形成了清晰的结构，如图5-4所示。

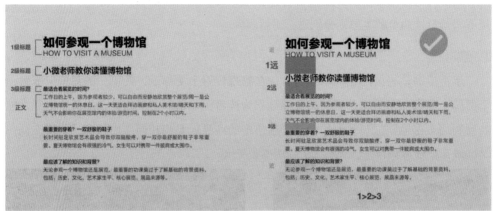

图5-4

下面分析几个案例来进一步介绍亲密原则。

如图5-5所示的一个图书Banner，通过拉大信息组之间的间距来形成清晰的结构。Banner上面的信息共分成了3组，通过间距的不同可以清楚地看出它们之间的亲密关系。

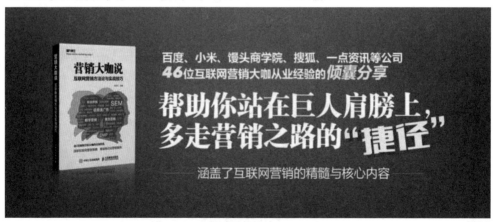

图5-5

除了通过间距控制亲密性，还可以通过添加设计元素建立组合关系，通常用到的设计形式有线条、形状、色彩，得到的效果比单一的间距控制亲疏关系要好得多，如图5-6所示。

图5-6

2. 对齐

对齐是指页面上的任何元素都不要随便摆放，每一个元素都应当与页面上的某个内容存在视觉联系。在生活中，对齐原则的应用是无处不在的，如图5-7和图5-8所示。

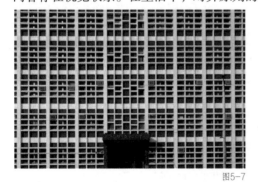

图5-7

图5-8

（1）对齐的作用

对齐是为了让画面更加整齐，更具有观赏性。让人的目光聚焦在对齐的位置，能更好地传达信息内容。如图5-9所示，图中的设计元素参差不齐，页面杂乱无章，会影响读者阅读。

图5-10合理地运用了对齐原则，为画面营造了秩序感，能更好地传达信息。使用对齐原则不仅符合读者的视觉习惯，降低读者阅读负担，还可以通过不同的对齐方式来组织页面中的信息，让页面看起来更加严谨有序。

图5-9   图5-10

（2）常见的对齐方式

常见的对齐方式有左对齐、两端对齐末行左对齐、右对齐、居中对齐、两端对齐，如图 5-11 所示。虽然对齐的方式有很多，但并不意味着可以在一个页面中使用多种对齐方式，那样会使页面中的内容看起来很凌乱。使用一种对齐方式会使页面看起来统一和有条理。

图5-11

左对齐：由于我们的书写习惯和阅读顺序大多是从左往右，所以左对齐是最常用的一种对齐方式。左对齐的缺点是容易造成右边留白过多，但这种对齐方式不破坏文字本身的起伏和韵律，能保证较好的阅读体验，如图 5-12 所示。

两端对齐末行左对齐：大段文字一般使用两端对齐、末行左对齐的对齐方式，这种对齐方式会使段落看起来更加工整，使版面清晰有序，多用于杂志、画册、图书等文字较多的内容排版，如图 5-13 所示。

右对齐：右对齐与左对齐的方向刚好相反，每一行的起始位置都是不规则的，会增加阅读困难，这种对齐方式使用频率不是很高，只适合文字较少时，往往是为了配合页面中的图形、图片建立某种视觉联系，获得版面上的平衡，才可能采用这种对齐方式，如图 5-14 所示。

居中对齐：这种对齐方式会使文字左右两边不规则，造成阅读困难，但它适用于标题和少量文字的编排。在版面上使用居中对齐会显得正式、稳重，但也中规中矩，除非页面经过精心设计，设计目的明确，可以使用居中对齐，否则不建议初学者使用，如图 5-15 所示。

图5-12

图5-13

图5-14

图5-15

两端对齐：指的是通过调整字间距的方法，将文字两端强行对齐，以达到工整严谨的效果，如图 5-16 所示的图片就采用了两端对齐的方式，让文字信息部分更加工整、视觉表现更强。

其他对齐方式：明白对齐规则后可以有意识地打破固定规则，但在大范围内依然要遵守对齐原则。如分散对齐是使用构图和空间分割用多种对齐方式进行编排，图中的各部分内容对齐方式各不同，却可以使信息层级很清晰，设计感更强，如图 5-17 所示。

图5-16

图5-17

弧形对齐是沿着图形的外轮廓做对齐，使对齐边缘呈不规则起伏，如图 5-18 所示。

倾斜对齐是根据版面空间做倾斜摆放，使版面更加有律动感，如图 5-19 所示。

图5-18

图5-19

（3）对齐的细节

对齐的根本目的是让页面统一有条理，对齐又分为物理对齐和视觉对齐。物理对齐是指用物理直线来衡量元素之间是否对齐；视觉对齐是指视觉感官上的对齐。当物理对齐不能带给我们对齐感觉的时候就需要使用视觉对齐。如图 5-20 所示，正方形和圆形已经物理对齐了，但视觉上它们并没有对齐，圆形看似比正方形小，这时需要将圆形略微放大，和正方形达到一个视觉平衡，如图 5-21 所示。

图5-20   图5-21

文字之间的对齐分为 3 种情况：中文之间的对齐、英文之间的对齐、中英文之间的对齐。中文属于方块字，物理对齐就可以；英文的字体形态不同，在物理对齐的同时，有时也需要视觉对齐。中英文之间的对齐也是要物理对齐的同时视觉对齐。数字也遵循同样的原则，如图 5-22 所示。

如何参观一个博物馆

使用手机就足够满足拍照记录的需求；过于专业笨重的单反相机反而会成为展览过程中的负担。

How to visit a museum

When communicating with partners, whisper in a low voice, and do not point your fingers at the exhibits.

同伴交流时，低声耳语，不要用手指指向展品。

When communicating with partners, whisper in a low voice, and do not point your fingers at the exhibits.

1234567890

图5-22

文字与图形之间的对齐分为两种情况。看起来较轻的线条图形和文字的对齐，使用物理对齐时看上去不够工整，需要将线条和图形略微放大或者向前移动一些位置，达到视觉对齐。看起来较重的的块状图形，进行物理对齐就可以，因为视觉偏差的存在，块状图形比文字显得大，弥补了视觉上的不平衡感，如图 5-23 所示。

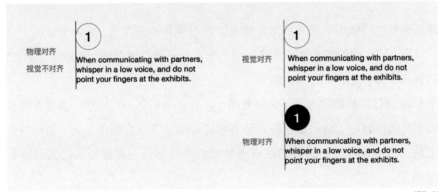

图5-23

3. 对比

　　对比是指增强元素之间的差异性，吸引读者的眼球，如图 5-24 所示。

图5-24

　　展现不同信息的重要程度，要想实现有效的对比，对比就必须强烈。对比形式是多种多样的，图 5-25 运用的是大小对比，标题大，内文小，显著地体现出了层级关系。图 5-26 运用的是颜色对比，图片主体是黑色标题，并加入了同样大小、不同颜色的文字，与黑色字体形成对比。

图5-25

图5-26

　　强烈的对比可以形成视觉落差，增强版面的节奏和明快感，同一个版面中会使用不同的对比方式。图 5-27 中使用了文字大小对比、笔画粗细对比，还运用了颜色对比。图 5-28 体现了文字笔画的粗细对比。

　　图 5-29 通过将标题放大，正文字号缩小，让文字信息一目了然。读者首先会关注被放大字号的标题，了解关键信息，感兴趣的话则会进一步阅读正文。通过对比，在画面上制造焦点，可以把读者的注意力吸引到主体部分，提高版面的注目效果，如图 5-30 所示。

图5-27

图5-28

图5-29

图5-30

4. 重复

重复是指某个设计元素在版面中反复出现，如图 5-31 所示。这个设计元素可以是图形、形状、颜色、字体、某种格式、空间关系等。使用重复原则既能帮助版面建立秩序感，还可以加强统一，提高阅读效率。在日常生活中经常能看到重复之美，如图 5-32 所示。

图5-31

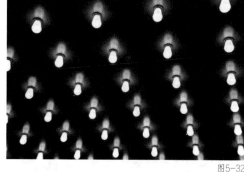

图5-32

（1）重复的作用

创建重复元素可以从标题入手，因为某些标题的级别是一致的，如图 5-33 中的三级标题，在层级上是并列关系，但使用了不同的设计元素，看起来没有关联，导致版面缺乏统一性。同一级别的标题或文字内容需要采用相同的文字样式，字体、字号、字重、特殊效果等都要保持一致，这样会使版面信息清晰有序，如图 5-34 所示。

图5-33

图5-34

（2）重复中的变化

重复能给人带来秩序感，但若运用不当，也会使版面呆板和乏味。在保证版面统一的情况下可以适当让设计元素之间有所差异，不规则的重复会让版面生动起来，如图 5-35 和图 5-36 所示。在重复中产生变化可以避免版面的单调与平淡，增加版面的趣味性，激发读者的兴趣。

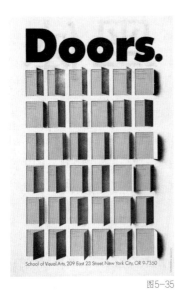

图5-35

图5-36

知识点 3 海报的字体选择

海报的字体选择需要根据海报的主题和目的进行选择。字体分为衬线体（笔画有
装饰）和无衬线体两种，我们一般将衬线体称为"白体字"，将无衬线体称为"黑体
字"。衬线体的代表字体有宋体、仿宋和楷体等。

1. 字体的特征

字体特征是指由笔画或偏旁按照不同的形式和要求构成的文字体势特点。

（1）宋体

宋体是最常用的字体之一，基本笔画包括点、横、竖、撇、捺、勾、挑、折等，
其结构饱满、端庄典雅、整齐美观，如图 5-37 所示。宋体字既适用于印刷刻版，又适
合人们基本的阅读需要，因此一直沿用至今。

（2）黑体

黑体字体的特点是笔画粗细均匀，线条流畅，结构稳定，适用于强调和突出
文字内容，如图 5-38 所示。它的字形简单明了，具有较强的视觉冲击力。由于汉
字笔划多，小号黑体字清晰度较差，所以黑体主要用于文章标题。但随着制字技
术的精进，已有许多适用于正文的黑体字型。黑体被广泛应用于广告和商业设计
领域。

宋体

图5-37

黑体

图5-38

（3）圆体

圆体字体的特点是笔画流畅、线条圆润，整体呈现出一种轻松愉悦的感觉，如图 5-39 所示，适用于表达活泼、可爱、清新的主题。它是一种比较新颖的中文字体，由于其圆润、可爱、清新的特点，被广泛应用于各种场合，如儿童书籍、广告、海报、文艺设计等。

（4）手写体

手写体是一种字体，通常是由人工手写、描绘或数字化的方式制作而成的。手写体的特点是每个字母都有独特的形态和风格，呈现出一种自然、流畅、生动的感觉，如图 5-40 所示。它的字形多样，可以是漂亮的花体、清新的草体、可爱的童趣体等，适用于表达情感、突出个性、创造艺术效果等。手写体具有一定的个性化和艺术性，常常用于一些需要突出文本情感和个性的场合，如信件、卡片、海报、广告等。

圆体

图5-39

图5-40

（5）书法体

书法体是由中国传统书法艺术所衍生出来的一种艺术字体。书法体的特点是每个字都具有独特的笔画和风格，呈现出一种自然、流畅、生动的感觉，如图 5-41 所示。它的字形多样，可以是楷书、行书、草书、隶书等，根据不同的书法风格，呈现出不同的艺术效果。书法体具有浓郁的文化气息和艺术性，常常用于一些需要突出文本情感和个性的场合，如书法作品、文艺设计、装饰画等。

书法体

图5-41

2. 字体的选择

根据海报的主题和目的来选择合适的字体，可以达到最佳的视觉效果和传达效果。

（1）目标受众

海报字体的选择需要考虑目标受众的年龄、性别、教育程度和职业等因素。

针对不同年龄段的受众，需要选择不同的字体。比如，对于年轻人，可以选择比较时尚、流行的字体，而对于老年人，则需要选择更加清晰、易读的字体。

男女对于字体的喜好也有所不同。一般来说，女性更喜欢柔和、圆润的字体，男性则更喜欢直线、硬朗的字体。

不同职业的人对于字体的要求也不同。比如，设计师更注重字体的美感和创新性，而律师则更偏好字体的正式和专业感。

（2）项目调性

海报字体选择需要考虑项目调性，包括项目主题、项目风格、项目定位和项目情感表达等因素。

海报的主题决定了其调性，比如商业活动的海报需要选择比较商务、正式的字体，而音乐会的海报则需要选择比较艺术、流畅的字体。

海报的风格也是决定其调性的一个因素，比如现代风格的海报需要选择比较简洁、有几何感的字体，而复古风格的海报则需要选择比较古朴、有历史感的字体。

海报的定位是实现呈现效果的关键。比如高端品牌的海报需要选择比较优雅、精致的字体，而大众品牌的海报则需要选择比较亲切、易懂的字体。

海报的情感表达要与上述几个方面保持一致，比如表达欢乐、喜庆的海报需要选择比较轻松、愉悦的字体，而表达忧愁、悲伤的海报则需要选择比较厚重、沉稳的字体。

（3）行业特点

海报字体选择需要考虑行业特点，包括行业类别、行业定位、行业风格等因素。

不同行业有不同的特点，需要选择适合该行业的字体，比如金融行业需要选择比较正式、稳重的字体，而娱乐行业则需要选择比较流畅、有活力的字体。

同一行业不同品牌的定位不同，需要选择适合该品牌的字体，比如高端品牌需要选择比较精致、高雅的字体，而大众品牌则需要选择比较直观、醒目字体。

不同行业的风格也是决定字体选择的一个因素，比如时尚类海报需要选择比较艺术、有创意的字体，而商务类海报则需要选择比较正式而专业的字体。

知识点 4 文字的属性设置

文字的属性设置指的是对文字的字体、大小、颜色、排版等方面进行调整和设置，以达到更好的排版和视觉效果。

1. 单个文字

单个文字的属性设置包括字体、字号、字体颜色、字体粗细、字体间距、字体倾斜和字体阴影等。

2. 段落文字

段落文字的文字属性设置包括字体、字号、字体颜色、行距、字间距、对齐方式、缩进、行高和特殊效果等。

3. 文字面板

执行"窗口→文字→字符"命令可以打开【字符】面板，也可以直接在右侧的属性栏中看到【字符】面板，如图5-42所示。单击【更多选项】按钮，可以把面板展开，从而看到其他隐藏起来的选项。除了设置字体、字号，还可以调整行距、字符缩放和字距微调等。

图5-42

下面重点介绍一下其中三个选项的设置。

设置两个字符间的字距微调，就是调整两个文字之间的间距。在文字中插入光标，调整该属性，光标两侧的文字之间的距离改变，其他文字之间的距离不变。

设置所选字符的字距调整，就是调整所选文字的间距。选中文字，调整该属性，所选文字的间距都会跟着改变。

垂直缩放，就是对于所选的文字整体，随着数值调整，在宽度不变的情况下，文字的高度发生改变。

4. 文字轮廓

文字轮廓是一种文字特效，它可以使文字变成一个空心的线条，看起来像是用线勾勒出来的。文字轮廓通常是黑色或白色的，可以通过改变线条的粗细和颜色来调整文字轮廓的效果。文字轮廓通常用于大型海报、广告以及宣传资料等设计，可以使文字更加醒目、突出。

同时也需要注意，不要过度使用文字轮廓，以免影响文字的可读性。

【工作实施和交付】

理解客户的需求，根据需求的风格、元素、对象和呈现方式进行海报设计，用恰当的工具绘制、排版和输出，最终交付合格的设计。

分析需求，制定设计方案

端午节是中国的传统节日之一，在进行传统节日相关的创作之前，应该收集端午节相关的图文、视频资料，对该节日有个相对完整和正确的了解，从而获得一定的灵感。对端午节相关的传统文化进行充分了解后，就可以进行构思了。

首先构思画面元素。根据需求提炼关键词，包括粽子、粽叶、艾草和赛龙舟等，然后根据关键词进行发散，得到更多的词，如传统文化、绿色、迎祥纳福、传统节日、放纸鸢、河水等。这些关键词所体现的元素可酌情运用到海报中。接着构思整体色系。端午节的海报可以以绿色为主，一来体现粽子自然健康的包装方法，二来赛龙舟这一习俗是绿色健康的休闲方式，三是绿色代表宁静、清新、宽阔，看上去充满着生机和活力。最后构思画面化表现方法。海报可以使用扁平化的设计，简单明了又不失风趣。

形成设计思路，绘制草图

端午节海报，用"粽叶"作为前景，高山作为远景，烘托端午节的氛围，龙舟则为画面增添热闹的气氛。整张海报以绿色为主要颜色，橙红色为点缀色，两种颜色的碰撞让设计更突出。在文字的编排上，主题文字做字号大小的对比，使其看上去更有层次。

大致确定了设计思路后，可以通过草图展现自己的想法，如图5-43所示。草图绘制完成后就可以使用软件进行海报设计了。

图5-43

绘制背景

　　首先确定海报尺寸和主体色调。创建一个 285mm×420mm 的画布，将背景色改为淡绿色，绘制 4 片"粽叶"作为背景图案。先用【钢笔工具】绘制叶片，描边粗细为 1mm，描边颜色为淡黄色，填充绿色到深绿色的渐变，使叶片之间有颜色深浅的变化。再用【钢笔工具】和【混合工具】绘制叶脉，调整描边粗细和不透明度。执行"对象→排列"命令调整图形的前后关系，使其具有层次感，如图 5-44 所示。

　　为画面添加龙舟、山和祥云元素，丰富背景画面。先用【钢笔工具】绘制龙舟的船身、船尾、船桨和划船的 3 个人物的轮廓。然后为龙舟填充颜色，将船身、船尾和船桨填充橘红色到橘色的渐变，人物的帽子和手填充红色，人物的脸部和身体填充肉色。接着用【钢笔工具】绘制两座"山"的轮廓，为其填充深绿到背景色的渐变。再围绕两座山绘制带雾气的祥云，用【钢笔工具】绘制雾气的大致轮廓，然后用【直接选择工具】将线条弯折的位置改为圆角，最后用【圆角矩形工具】绘制两朵白云的轮廓，为其填充白色到透明的渐变，如图 5-45 所示。

图5-44

图5-45

设计标题文字

　　将"相约""端午节"添加到画面中，并移动到合适位置。为"相约"设置合适的字体和字号，颜色为背景色，将两个白色圆形放在其底部。为"端午节"设置相同的字体，字号大小不同，形成错位排列。用【直接选择工具】对图5-46中画圈的笔画进行拉伸，使文字更张扬，如图5-47所示。

　　接下来，为文字添加装饰性元素。先用【钢笔工具】绘制粽子装饰元素。粽子形状填充白色到背景色的渐变，粽子内部的描边颜色为背景色，串联粽子的线条颜色为白色，描边选择【画笔】面板中的笔触。流苏使用【混合工具】完成，再分别添加装饰性文字"传统节日""五月初五"，让主体文字的布局更均衡，如图5-48所示。

丰富画面元素

　　在画面中添加"竹叶"元素，增加节日氛围感。添加"竹叶"素材并"嵌入"画笔，使置入的素材不会丢失。利用"高斯模糊"效果，增加竹叶在画面中的虚化程度，使其作为海报的前景装饰。再复制一个龙舟图形，放在另一片粽叶图形的边缘，丰富画面，然后调整两个龙舟的大小，使其形成前后关系，如图5-49所示。

图5-46

图5-47

图5-48

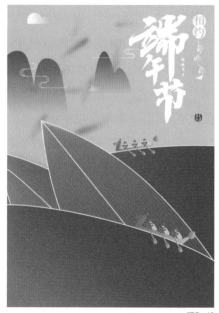

图5-49

添加活动信息

将所需文字添加到画布，并设置文字的字体、字号。颜色与粽叶描边颜色一致，保证画面统一性。为了突出活动时间，可以把日期放大并放置在右侧。在画面的右下角添加白色矩形，将二维码图片置于矩形上方，并在二维码下方添加描述文字，如图5-50所示。

图5-50

提升画面质感

为画面添加纹理和白点，提升画面质感。将文字、二维码等信息隐藏，把纹理素材拖入画布，并铺满整个画面，设置混合模式为浅色，降低不透明度，为画面增加颗粒感。使用【画笔工具】中的喷溅画笔，设置画笔的间距，使其扩散。前景色为白色，在新图层上绘制，使白点散落在画面上，然后通过图层蒙版去除多余的白点，使画面更有层次感，如图 5-51 所示。

作品包装和呈现

从素材网站下载一个简洁的样机，对海报进行包装，让客户对设计的使用效果一目了然，避免客户想象的局限和理解的偏差，如图 5-52 所示。

图5-51

图5-52

设计完成后，将效果图导出为 JPG 格式，将最终效果的 JPG 格式文件和 AI 格式工程文件按照要求格式命名，放到一个文件夹，将文件夹提交给客户，如图 5-53 所示。

YYY_节日海报设
计_20230406

YYY_节日海报设
计_20230406

YYY_节日海报设
计_20230406

图5-53

【拓展知识】

文字结合 Illustrator 中的混合工具可以制作出多种文字效果，如曲线字、毛绒字、变形字等。

知识点【混合工具】的运用

下面将通过实际案例讲解 3 种文字工具结合混合工具的操作方法。

案例1　制作曲线字

用【混合工具】制作路径文字是一种常用的方法，图 5-54 所示的曲线路径文字就是用【文字工具】结合【混合工具】制作的。

图5-54

（1）给文字创建轮廓

新建一个文件，使用【矩形工具】绘制一个和画布同等大小的矩形，将【描边】设置为无，填充淡绿色，锁定背景。用【文字工具】输入"岁月"两个字，设置其字体、字号。选中文字单击鼠标右键选择"创建轮廓"选项，使文字变成图形，如图5-55所示。

（2）组成并扩展圆环

使用【椭圆工具】绘制一大一小两个圆形，互换填色和描边。设置两个圆形水平和垂直居中对齐。使用【混合工具】单击两个圆形，设定指定的步数为50，形成50个圆环。执行"对象→扩展"命令将圆环扩展。把文字移动到圆环上，如图5-56所示。

图5-55

图5-56

（3）调整文字路径

选中文字和圆环，在属性栏的【路径查找器】面板上单击【轮廓】按钮，使圆环图案以文字的轮廓显示。取消路径图形的编组，选择其中一段路径，在属性栏上面单击【选择类似的对象】按钮，把文字路径选中，剪切复制出来，把文字移动到空白的地方。按快捷键 Ctrl+Y 进入轮廓预览模式，保留曲线路径，删除多余的直线路径。操作完退出轮廓预览模式。

（4）调整曲线描边粗细并完成作品

框选文字的路径，根据文字的大小设置合适的描边粗细，如图 5-57 所示。最后搭配一些装饰性元素来提高作品的完成度。

案例2 毛绒字

使用【文字工具】结合【混合工具】可以制作毛绒字，以下将讲解图 5-58 所示案例的制作方法。

图5-57   图5-58

（1）无衬线英文字体

新建画布，使用【矩形工具】绘制一个和画布同等大小的矩形，将【描边】设置为无，填充深蓝色，锁定背景。使用【文字工具】输入大写字母"OUTER SPACE"，设置其字体、字号、颜色，然后给文字创建轮廓，如图 5-59 所示。

（2）删除锚点变为单线文字

将文字取消编组，按快捷键 Ctrl+Y 进入轮廓视图模式，用【套索工具】删除多余的路径，使文字变成单线；使用【钢笔工具】连接需要连接的路径，调整锚点的方向和位置，使线条更加平滑美观，如图 5-60 所示。退出轮廓视图模式。选中文字单击【互换填色和描边】按钮，使文字互换填色和描边。

（3）设置颜色和指定步数

绘制一个圆形，打开【渐变】面板，互换填色和描边颜色，在渐变滑块中设置颜色数值，在渐变条中再添加渐变滑块。输入颜色数值，使圆形呈现 3 种颜色的渐变。

拖曳复制出另一个渐变圆形图案，与之前的圆形拉开一段距离，用【混合工具】单击两个图形。设置指定步数，出现一个混合轴，如图5-61所示。

图5-59　　　　　　　　　　　　　　　　　　　图5-60

（4）替换混合轴

用【选择工具】复制一个混合轴，按 Shift 键选择混合轴和一个字母，执行"对象→混合→替换混合轴"命令，把混合轴替换到文字的笔画上，重复这步操作把字母都替换成混合轴的效果，如图5-62所示。

图5-61　　　　　　　　　　　　　　　　　　　图5-62

（5）制作毛绒效果

选中所有字母，执行"效果→扭曲和变换→粗糙化"命令，将【大小】选项设置为"绝对"并调整参数，【点】选项设置为"平滑"，调整细节参数，数值为最大，毛绒字就制作完成了，如图5-63所示。

案例3　变形字

【混合工具】还可以用来制作酷炫的变形字，如图5-64所示。

图5-63   图5-64

（1）输入文字，创建轮廓

新建画布，使用【矩形工具】绘制一个和画布同等大小的矩形，将【描边】设置为无，填充黄色，锁定背景。使用【文字工具】输入大写字母"MUSIC FESTIVAL"，设置合适的字体和字号。按 Shift 键等比缩放文字的大小，使两行文字宽度保持一致。给文字创建轮廓，填充白色，将【描边】设为黑色，如图 5-65 所示。

（2）用网格使文字变形

执行"对象→封套扭曲→用网格建立"命令，建立行数和列数都为 4 的网格。用【直接选择工具】选择网格的前两行，按两下键盘上的右方向键使文字扭曲。用同样的方法把下行的文字设置成变形效果，如图 5-66 所示。

图5-65   图5-66

（3）使文字随曲线变形

选中一行文字，执行"对象→扩展"命令，按住 Alt 键向下拖曳复制两组文字，框选 3 组文字，选择【混合工具】，分别单击 3 组文字。设置【混合工具】的指定步数

为 20，使文字产生重叠效果。用【曲率工具】绘制一段曲线，曲线的起始位置和结束
位置决定文字的方向。选中文字和曲线，执行"对象→混合→替换混合轴"命令，使
文字沿着曲线的方式变形，如图 5-67 所示。使用这种方法使第二行的文字也沿着曲线
变形。

（4）给文字填色和描边

用【图层】面板选中文字的图层，改变文字填充颜色和描边颜色，设置完可以把
描边改细，双击【混合工具】，降低步数。按照这种方法给文字都填充相应的填色和描
边。调整字母到合适的位置，在属性栏给字母设置合适的角度，设置完成后的效果如
图 5-68 所示。

图5-67

图5-68

131

【作业】

星星花园社区为迎接**植树节**的到来，将于 2023 年 3 月 12 日当日，在社区开展植树造林活动。为了吸引居民前来参与，活动负责人请你制作一张植树节宣传海报。各方确认无误后，将会在线下张贴。

项目名称：植树节海报设计。

项目资料

"植"等你来

春风十里，不及一抹绿意

绿色的生命，需要我们的呵护

让我们在植树节这个特别的日子里，一起行动起来，为环境保护贡献力量！

我们在星星花园社区等你

活动时间：2023 年 3 月 12 日 10：00-18：00

项目要求

（1）突出植树节的主题，能够从海报上了解到植树节的重要性和意义。

（2）海报美观大方，颜色搭配协调，排版和谐，能够吸引人们的关注。

（3）准确传达活动的时间、地点、参与方式，并予以突出显示。

（4）呈现形式为线下展示，因此设计要符合线下张贴尺寸要求。

项目文件制作要求

（1）文件夹命名为"YYY_节日海报设计_日期（YYY 代表你的姓名，日期要包含年月日）"。

（2）此文件夹包括素材（包含你的所有参考图片）、方案（包含工作过程中使用到的文件，以及方案文件）以及制作文件（包含所有的最终文件）。

（3）尺寸为 285mm×420mm，分辨率为 300dpi，颜色模式为 RGB。

（4）完成时间：2 天。

【作业评价】

序号	评测内容	评分标准	分值	自评	师评	综合得分
01	灵感素材	是否符合内容需求； 是否具有参考价值	10			
02	创意方案	是否符合客户需求； 是否具有良好的视觉感受	20			
03	文件规范	尺寸、颜色模式和分辨率是否符合要求	10			
04	设计制作	素材是否清晰、无水印、无变形； 主题和人物是否突出； 颜色搭配是否合理； 文字是否层级分明； 各元素之间是否合理分布和对齐； 海报效果是否符合粽子节文化特征	55			
05	文件提交	是否符合提交说明的要求	5			

综合得分 = （自评 + 互评 + 师评）/3

项目 6

网页设计

网页设计指的是对网站内容、结构和功能进行规划和实现。它不仅仅包括视觉设计，还包括用户体验设计和交互设计等多个方面。网页设计需要考虑到网站的目标、受众、内容、信息架构、页面布局、颜色、图像、字体等多个因素，以创造一个美观、易用、有价值的网站。

一般来说，网页设计的主要目的是向网站访问者传达信息、吸引访问者，同时还可以实现品牌推广等商业目标。无论是企业、个人还是政府机构，只要需要在互联网上展示信息、传达观点或提供服务，都需要设计网页。

本项目将带领读者完成一个网页设计，并在实践中掌握使用Illustrator进行网页设计的方法。

【学习目标】

了解网页设计的流行趋势、网页的设计规范、网页的配色技巧和网页切图的知识，掌握使用 Illustrator 进行网页设计的方法。

【学习场景描述】

KEEP RUNNING 健身品牌为了满足用户需求和第三轮融资的要求，需要制作一个官方网站。该品牌的负责人联系你，希望你提出**网页**设计方案。网页用来介绍和推广该健身品牌，让用户了解其产品特色，同时吸引潜在投资人了解其产品实力。在设计完成后，你将向客户发送最终设计方案以进行确认，以确保符合其期望和要求。在各方确认无误后，该网站将按照设计方案上线。

【任务书】

项目名称：KEEP RUNNING 健身品牌网页设计。

项目资料：KEEP RUNNING

多种跑步训练　跑步场景简单专注　科学的跑步计划，加速提升训练效果，助你突破每一个里程碑

高效专注　连接升级　多元平台　视觉统一

专业化运动数据分析　科学跑步训练　多维度数据分析　调整自己的跑步节奏　保证健康训练与突破

具体功能：高效专注　连接升级　多元平台　视觉统一

导航栏文字：首页　跑步训练　数据分析

页脚文字：关于我们　加入我们　联系方式　训练课程　运动轨迹

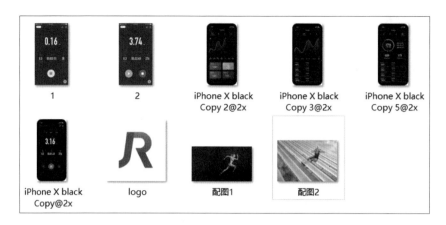

共 9 张图片，其中有 1 张 Logo 图、6 张产品界面图，以及 2 张配图。

项目要求

（1）设计元素丰富，画面风格简洁。

（2）品牌统一性强，整体颜色以品牌标准色和品牌辅助色为主。

（3）主题醒目，信息层级越少越好。

（4）内容明确，依次介绍制订跑步计划和数据分析这两个核心功能，穿插介绍高效专注、连接升级、多元平台、视觉统一等具体功能。

（5）呈现形式为官方网站，设计时需考虑网页特点，包含清晰的网站结构、易于识别的导航栏等。

项目文件制作要求

（1）文件夹命名为"YYY_某健身品牌 App 网页设计 _ 日期（YYY 代表你的姓名，日期要包含年月日）"。

（2）此文件夹包括客户提供的素材和制作文件（包含所有的最终文件）。

（3）页面一共分 5 屏，每一屏的尺寸为 1920px×1080px，整体尺寸为 1920px×5600px，颜色模式为 RGB，分辨率为 300ppi。

（4）完成时间：2 天。

【任务拆解】

1. 分析需求，确定网页架构和色调。

2. 新建文档，创建页面。

3. 首屏顶端是导航栏，将主图、品牌 Logo 和宣传语放在这一屏。

4. 设计第二屏，摆放产品介绍和产品界面图。

5. 设计第三屏，介绍具体功能。

6. 设计第四屏，继续介绍产品，其文字部分的设计与颜色延续第二屏的设计。

7. 设计第五屏，为产品界面展示。

8. 设计第六屏，为页脚，将公司的相关信息摆放上去。

9. 整体排版设计。

【工作准备】

在进行本项目前，需要巩固以下知识点。

1. 网页设计的流行趋势。

2. 网页的设计规范。

如果已经掌握相关知识可跳过这部分，开始工作实施。

知识点 1 网页设计的流行趋势

网页设计的目标是吸引用户，从而进行信息的传达，引导用户完成操作。网页设计的本质是图形与文字等信息经过合理的版式布局，引导用户视线、促进用户操作、满足用户需求，在此基础上形成了网页设计的不同风格，如图 6-1 和图 6-2 所示。

图6-1

图6-2

近年来，设计趋势在不断变化，Web界面设计出现了很多新的风格，带动了整个行业流行趋势的更新。接下来介绍10种近几年比较流行的网页设计风格。

1. 极致简约风格

简约的排版和产品细节的展示，能够营造沉稳安静的氛围，建立与用户之间的信任桥梁。以产品细节作为网站的首页，把最关键的内容放置在最醒目的位置，可以有效突出产品的优势，吸引和感染用户，如图6-3和图6-4所示。

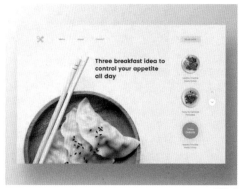

图6-3

图6-4

2. 3D风格

在平面视觉设计中展示3D形象，能够令人眼前一亮。在3D风格的设计中，色彩和材质所带来的效果十分具有表现力，是近年来热门的风格之一，如图6-5和图6-6所示。

图6-5

图6-6

3. 微交互

在画面中增加一些小的交互效果，如悬停、单击、滑动等，使用户可以与网页互动，有趣的细节能够激发用户的兴趣，如图 6-7 和图 6-8 所示。

图6-7

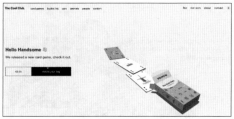
图6-8

4．2.5D风格

2.5D 是 2D 与 3D 融合的表现风格，由于近年来出现了很多 2.5D 风格的游戏，设计行业也开始尝试使用这种风格，并涌现出很多优秀的作品，如图 6-9、图 6-10 和图 6-11 所示。

图6-9

图6-10

图6-11

5．几何元素风格

几何图形元素可以快速构建点线面的结构关系，效果突出，且搭配方式十分灵活，与文字、图片和按钮元素结合后，增添了设计的层次感，如图 6-12 和图 6-13 所示。

6．微动画风格

在网站中增加小部分的动画效果，可以给予用户一些小惊喜，既能为网站增加趣味性，又能有效引导用户进行操作，如图 6-14 和图 6-15 所示。

图6-12

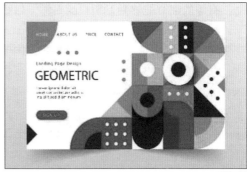

图6-13

图6-14

图6-15

7. 插画风格

插画风格的表现方式较为多样，比如给人轻松愉悦的扁平插画风格、表现诙谐幽默的线条插画风格，还有表现质感和细节的写实风格等，能够增强网站的视觉表现力，如图 6-16 和图 6-17 所示。

图6-16

图6-17

8. 剪纸风格

剪纸风格通过切割、堆叠、分层、镂空等方式，有效地突出了画面的层次感，经常应用在科技类型的网站设计中，如图6-18所示。

9．大版式风格

以文字或图片为主要元素，突出版式设计的一种风格。通过字体本身字形的表现和图片渲染的氛围，烘托网站要表达的情感与功能，如图6-19、图6-20和图6-21所示。

图6-18

图6-19

图6-20

图6-21

10．梯度风格

梯度风格指的是网页设计中，运用色彩、图形、插画等元素，在视觉上进行相互关联，将上下界面的衔接设计得自然合理，滑动过程顺畅连贯，如图6-22和图6-23所示。

图6-22

图6-23

知识点 2 网页的设计规范

网页设计由多个模块和元素经过合理的排版组合而成，想要做出优秀的界面设计，吸引用户单击，就需要结合设计要素，合理地安排这些模块。在网页设计中，页面的布局、内容和配色决定了网页的呈现效果。因此，要入门网页设计，就需要了解栅格系统、文字处理以及网页的配色技巧。

1. 栅格系统

栅格系统就是通过水平和垂直的参考线对版面进行分割，形成规则的格子，以格子为参考来指导版面中各个要素的构成与分布。栅格通常由列和水槽组成，列决定栅格的数量，水槽是列与列之间的空间，如图 6-24 所示。

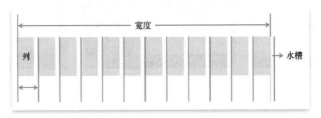

图6-24

（1）栅格规格

在网页设计中，栅格系统可以使信息更加调理化，美观易读，也可以使开发人员的工作更便利和规范。一般来说，网页上采用 12 列布局，如图 6-25 所示，平板电脑端采用 8 列，手机则为 4 列，列越多，承载的内容越精细。

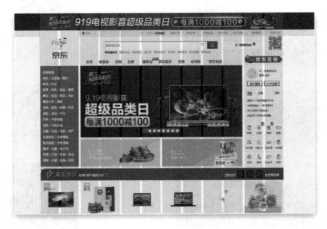

图6-25

（2）区域组合

由于功能需要，也可以将单独的栅格合并，形成组合区域，这样可以大大增强栅格的灵活性与整体性，水槽也可以放置更丰富的内容，如图 6-26 和图 6-27 所示。

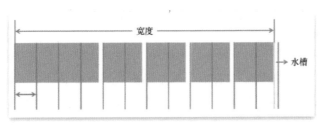

图6-26

图6-27

（3）宽度公式

在网页栅格系统中，确定整体网页宽度（C）的情况下，设想要的栏数为"n"，就会有公式 C=（列宽度＋槽宽度）×n- 槽宽度

通常会先设定槽的宽度，从而确定列的宽度。以 950px 宽度的页面为例，划分 12 个栅格，水槽宽度设为 10px，则可得出每列宽度为 70px，如图 6-28 所示。

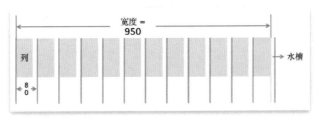

图6-28

2．文字处理

网页中大部分信息都是由文字来传达的，文字具备准确性、装饰性、易读性等优势，可以快速指导用户使用网站来获取信息或实现交互目标。文字的作用不容小觑，以下有几个处理文字时需要注意的问题。

（1）字体不宜过多

过多的字体不仅影响网站整体的美观度，还会造成用户接受信息困难。不同的字体不能够保证大小相同，在排版过程中会影响网页的整体布局。在同一个设计中，使用的字体不宜超过 3 种，切不可混用，否则会给用户造成困扰，如图 6-29 所示。

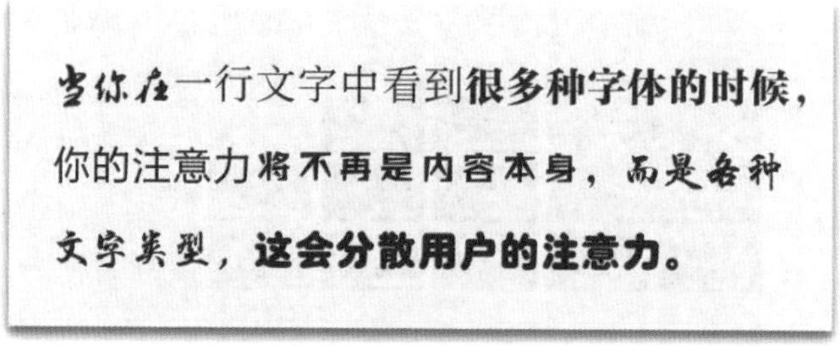

图6-29

（2）衬线体与无衬线体的选择

衬线体的笔画具有装饰性的元素。非衬线体的笔画没有装饰性的元素，笔画的粗细基本一致，简洁直观，所以在网页上的显示效果更佳。

（3）注意每行文字的数量

段落的长短关系到可读性，过长的段落会引起用户的反感情绪，同时由于字体的不同，每行字体数量还要进行精确的调整。

（4）字重的选择

尽量选择字重较为丰富的字体，由于网页的响应式布局，很多字体在不同的设备上的粗细大小是不同的，所以需要选择不同的字重来显示，若强行描边字体来增加字体粗度，会影响字体的结构，轻则使字体的显示效果不佳，重则导致用户无法识别字体。

（5）字体选择

尽量选择轮廓清晰、辨识度较高的字体，不要选择添加过多装饰效果的字体。在处理英文字体的时候，尽量不要大段落地使用大写字母，英文字体也需要按照文本的规范来使用。

（6）行间距处理

中文的行间距一般控制在字体字号大小的 1.5 倍 ~ 2 倍，英文的行间距一般是以默认行间距为准。当字体大小为 12px ~ 14px，可以将行距控制在字体大小的 1.3 ~ 1.6 倍，这样视觉效果最佳，如图 6-30 所示。

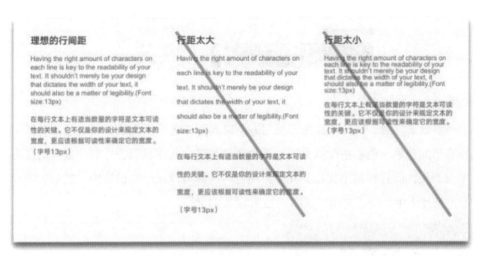

图6-30

（7）字体颜色

一般情况下，字体颜色需要和背景颜色形成对比。通过字体与大小的对比，按照重要程度和功能，将文字与文字拉开层级，引导用户的浏览顺序。注意，字体的颜色不宜对比度过大。

（8）避免使用闪烁字体

闪烁的字体可能会引起用户的反感，由于网站的功能不同，闪烁的字体不仅影响用户的使用体验，还可能会使用户对品牌产生误解。

（9）字体大小

在中文字体使用过程中，正文内容字体大小在 12px ~ 14px，小标题在 14px ~ 16px，大标题在 16px ~ 30px。当屏幕较大时，正文字体常用 16px，小标题 18px，大标题视情况增加字号，如图 6-31 所示。英文字体从 9px 开始就可以看清，通常相同用途的中文与英文放在一起，英文字体大小小于中文字体，不可大段文字使用加粗和斜体。

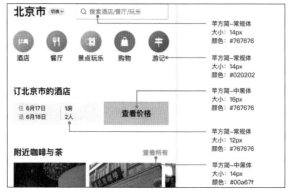

图6-31

3. 网页的配色技巧

一直以来，黑、白、灰在色彩使用方面都属于非色彩系统色，其他色彩可以与它们任意搭配。单一色彩搭配就是选用一种颜色与黑白灰颜色组合排版。这样的搭配方法不仅简便，而且容错率较高。其中，颜色的选择可以从网站的功能、展示的图片和产品的特性入手，灵活应用，如图 6-32 和图 6-33 所示。

图6-32

图6-33

多色彩搭配，顾名思义就是搭配组合多种色彩，此时就需要考虑色彩的明度、色相和饱和度。

（1）明度搭配

选取一种色相，改变色彩的明亮程度，搭配组合使用在网页中，能够保持网页色调统一，层次分明，如图 6-34 和图 6-35 所示。

（2）色相搭配

色相是色彩相互区分的名称，色相搭配就是不同色彩之间的组合。在网页中，需要考虑色彩间的关系，例如互补色、对比色、同类色、近似色、中差色等。在色环中，根据网页的功能需要，选择合适的颜色，如图 6-36 所示。

图6-34

图6-35

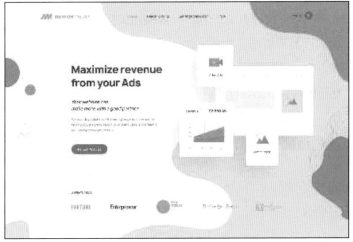

图6-36

（3）饱和度搭配

饱和度是颜色的鲜艳程度，饱和度的降低是由纯色变为灰色的过程。网页设计中所使用的色彩，需要保持饱和度基本一致或者有对比关系，如图 6-37 和图 6-38 所示。

图6-37

图6-38

147

【 工作实施和交付 】

首先要理解客户的需求，根据客户要求的网页设计风格、尺寸、内容需求进行设计，最终交付合格的设计。

分析需求，确定网页架构和色调

首先思考网页中的必要元素，如导航栏、产品界面图和产品介绍等，然后根据需求，确定长条网页每个页面的要素和内容。首屏主要放导航栏、主图、品牌 Logo、品牌名称和宣传语等；第二屏摆放标题和产品界面图；第三屏是具体内容的介绍；第四屏继续摆放标题和产品界面图，其文字部分的设计与颜色延续第二屏的风格；第五屏摆放产品界面图；最后一屏是页脚，将公司的相关信息摆放上去。因为品牌的一致性很重要，所以整体颜色会以品牌标准色和品牌辅助色紫色系为主。

新建文档，创建页面

在 Illustrator 中新建尺寸为 1920px×5600px 的画布，利用标尺，分别在垂直方向上的 1080px、2160px、3244px、4324px 和 5404px 的位置"拉"参考线，如图 6-39 所示，这样就把每一屏的高度分割出来了，共分为 6 屏。

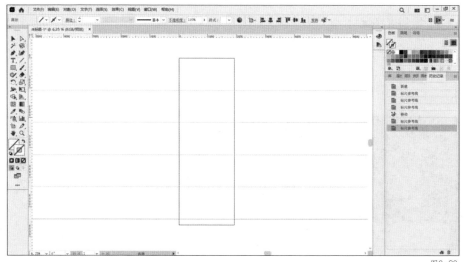

图6-39

148

设计首屏

将紫色作为整个网页的主题色，将 Logo 和导航标签的文字置于导航栏。为表明进入首页的状态，将"首页"文字颜色设置为浅紫色，并在"首页"文字上方添加与文字相同的浅紫色矩形用于强调。导航栏的完成效果如图 6-40 所示。

图6-40

提示 将颜色储存到色板中的方法是直接将颜色图标拖曳到色板中，并双击颜色打开【色板选项】，勾选"全局色"，便于后续统一调整颜色。

为了符合产品调性且抓人眼球，添加客户提供的素材并调整大小，主图的人物在页面右侧，所以可以在左侧摆放品牌 Logo、品牌名称、宣传语和两个下载按钮。为了美观，可以通过改变文字间距使宣传语和品牌名称等长。最后绘制两个圆角矩形作为按钮的形状，并对其填充由浅紫色到深紫色的渐变颜色，最后在按钮上添加文字。首屏的最终效果如图 6-41 所示。

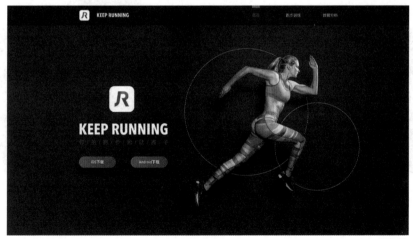

图6-41

注意 为了使页面整齐，可以拖曳两条参考线作为页面边距的参考，控制页面元素放置的位置。可以使用【矩形工具】辅助绘制参考线。创建一个宽度为342px、任意高度的矩形，放在页面左侧边缘。按照矩形右侧的短边拖曳一条竖向的参考线并锁定，页面右侧也是同样的操作。根据参考线调整页面元素的位置。

设计第二屏

将第二屏的页面背景颜色绘制为白色和深紫色，白色部分添加标题文字，深紫色部分主要添加产品图，两种颜色交叉分布，使整个长条网页的颜色节奏更加明快。用【矩形工具】绘制与页面同宽的矩形，填充深紫色，使整体页面色调得到延续，如图6-42所示。

在白色矩形上添加淡紫色的英文文字，将此作为标题底部背景，并在此英文文字上分别添加大标题、介绍性文字和装饰图形，如图6-43所示。

图6-42

━ 多种跑步训练 跑步场景简单专注 ━
科学的跑步计划，加速提升训练效果，助你突破每一个里程碑

图6-43

将产品界面图添加到第二屏的两个色块交界处，并分别给产品图添加投影，提升视觉效果，如图6-44所示。

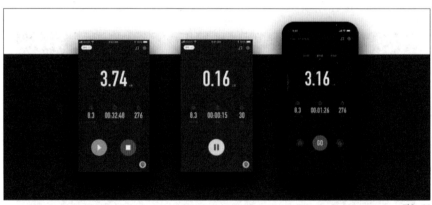

图6-44

为了加强模型之间的关联性，引导视觉走向，可以在产品界面图之间制作多个逐渐消失的指示方向的三角形。用【多边形工具】绘制两个紫色的三角形，调整两个三角形的距离，降低第二个三角形的不透明度。利用【混合工具】制作出指示方向的三角形效果，如图6-45所示。

复制该指示三角形图形并水平移动到另两个产品界面图之间的位置，第二屏的完成效果如图6-46所示。

图6-45

图6-46

设计第三屏

为了使页面美观，在页面上半部分摆放图标和文字信息，下半部分选用一张满屏的人物运动图作为配图。填充一个白色作为底色，将 4 个图标横向平均分布在界面上，在图标下添加与图标所对应的文字。给第一个图标添加阴影并在该图标下方添加浅紫色矩形，作为页面的悬停效果，即鼠标放上去时的状态。第三屏的整体效果如图 6-47 所示。

图6-47

设计第四屏

第四屏也是标题和产品介绍。为了使页面具有统一性，其文字样式和背景延续第二屏的设计，先修改文字内容，再添加产品界面图到界面右侧，并为其添加投影效果，如图 6-48 所示。

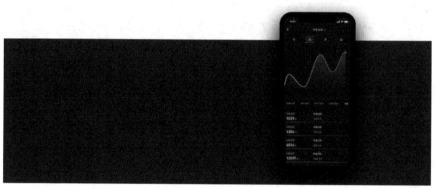

图6-48

为了让页面更具动感，用一条渐变颜色的曲线作为装饰。使用【钢笔工具】绘制曲线，为曲线添加描边，并将【描边】设置为浅蓝色到浅紫色的渐变色，效果如图 6-49 所示。

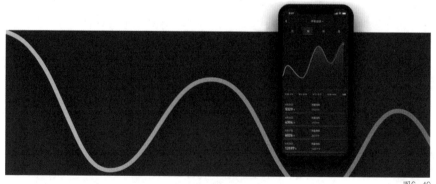

图6-49

将文案添加到曲线分割出的两个界面空白处，并添加浅紫色矩形作为文字装饰，第四屏的完成效果如图 6-50 所示。

设计第五屏

用【矩形工具】绘制与页面等大的矩形作为背景，为了与第四屏有所区分，填充给矩形的颜色为比第四屏背景色更浅的紫色。放置产品界面图到界面适当的位置，并添加立体效果。将英文文字放置在左上角并修改颜色为白色和浅紫色，并绘制一个横向的矩形作为文字装饰。为了让这一屏的界面富有装饰性，背景用【椭圆工具】绘制圆环，填充颜色为深于背景色的紫色。第五屏效果如图 6-51 所示。

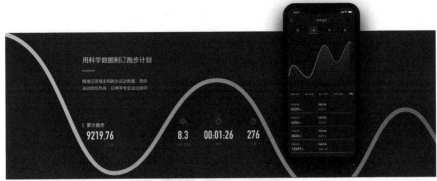

图6-50

图6-51

设计第六屏

为了使网页首尾呼应，在这一屏摆放页脚。网页的页脚是网页设计的重要部分，用户可以从中获得网站的基本信息。在页面底部创建一个高度为 200px 的页脚区域，为了使网页统一，设置其颜色与第二屏和第四屏的颜色相同，最后将公司的相关信息摆放上去，如图 6-52 所示。

图6-52

整体排版

最后进行整体调整和排版，最终效果如图 6-53 所示。

图6-53

设计完成后，将效果图导出为 JPG 格式，将素材文件（客户提供的图片）、最终效果的 JPG 格式文件和 AI 格式工程文件按照要求格式命名，放到一个文件夹，将文件夹提交给客户，如图 6-54 所示。

素材

YYY_某健身品牌
App网页设计
_20230323

YYY_某健身品牌
App网页设计工
程文件
_20230323

YYY_某健身品牌
App网页设计
_20230323

图6-54

【拓展知识】

切图工作有时候由设计师负责，有时候由前端工程师负责，因此需要根据不同公司的具体情况来进行沟通协调。设计师需要了解一些切图的基本知识。在网页设计中，能够直接导出图片的元素，不需要切图，如带透明效果的元素可以直接导出 PNG 图片。前端工程师可以简单制作的图片或图形，也不需要切图，如纯色的底图，在提交设计规范时标注颜色数值即可。至于一些简单的按钮，前端工程师也能直接用代码实现。因为切图工作与前端开发工作密切相关，所以设计师需要与前端人员多多沟通，互相协作。

知识点 网页切图

切图工作在 Illustrator 中使用切片工具和切片选择工作来实现。

1. 切片工具

Illustrator 中的【切片工具】可以辅助切图工作。【切片工具】位于工具箱中，快捷键为 Shift+K，如图 6-55 所示。

【切片工具】的使用方法是，选中【切片工具】后，直接在工作区框选切片的区域，执行"对象→切片→划分切片"，可将图像等大划分，如图 6-56 所示。

图6-55

图6-56

2. 切片选择工具

【切片选择工具】可以调整切片位置和大小或者选中切片删除，如图 6-57 和图 6-58 所示。

图6-57

图6-58

导出切片的方法是执行"文件→导出→存储为 Web 所用格式"命令，在弹出的对话框中使用【切片选择工具】，选择自己需要导出的切片，设置好图片格式、图像大小后导出即可。

【作业】

奶茶品牌**春茶秋实**为了树立企业品牌、满足用户需求和吸引加盟商合作，需要制作一个官方网站来进行营销。该品牌的负责人联系你，希望你提出一个**网页**设计方案，让用户了解其产品特色，同时展现产品实力。在设计完成后，你将向客户发送最终设计方案以进行确认，以确保符合其期望和要求。在各方确认无误后，该网站将按照设计方案上线。

项目资料

奶茶品牌：春茶秋实

宣传语：用心做好茶

好茶、好奶源——奶茶就选春茶秋实

新品推荐：草莓奶茶　雪顶奶茶　樱花奶茶

热销产品：焦糖奶茶　薄荷奶茶　伯爵奶茶

完整产业链：研发生产　仓储物流　运营管理

招商合作：涉及区域　国内门店　海外市场门店　开店标准

导航栏文字：首页　产品介绍　门店查询　品牌介绍　加盟咨询

页脚文字：关于我们　帮助中心　新闻资讯　社区参与　加盟热线

素材如图 6-59 所示。

图6-59

157

项目要求

（1）设计元素丰富，易读的文字排版，风格干净简约。

（2）以奶茶色为主题色，色调统一。

（3）主要对产品进行展示，让用户清晰地了解各类奶茶的详细信息。

（4）用户可以通过单击自己感兴趣的奶茶，看到它的具体信息。

（5）符合网页设计规范，网页中需要包含导航栏、按钮、Logo、主次文案等，进行合理配色和文字搭配。

项目文件制作要求

（1）文件夹命名为"YYY_奶茶品牌网站设计_日期（YYY代表你的姓名，日期要包含年月日）"。

（2）此文件夹包括素材文件（客户提供的素材）和制作文件（包含所有的最终文件）。

（3）页面一共分5屏，每一屏的尺寸为1920px×1080px，整体尺寸为1920px×5600px，颜色模式为RGB，分辨率为300ppi。

（4）完成时间：2天。

【作业评价】

序号	评测内容	评分标准	分值	自评	互评	师评	综合得分
01	视觉效果	品牌标识是否醒目； 画面元素是否符合主题	25				
02	色彩搭配	色调是否统一； 搭配是否合理	15				
03	文字排版	内容信息是否明确； 是否具有视觉冲击感	15				
04	网页布局	布局是否和谐； 画面是否突出主题	25				
05	文件格式	格式是否符合需求	20				

综合得分=（自评+互评+师评）/3